ザ・カリスマ ドッグトレーナー

シーザー・ミランの犬が教えてくれる大切なこと

Cesar Millan's Lessons From the Pack:
Stories of the Dogs Who Changed My Life

Japanese translation published by Nikkei National Geographic Inc.

犬たちが僕と家族のためにしてくれたすべてのことに感謝しつつ、心の師ダディにこの本を捧げたい。ダディは自分を信じ、僕を信じて、どうすれば誰かの助けになれるかということを教えてくれた。ダディ、きみと同じくらい賢く、善良になれるように、これからも僕を導いてほしい。親友であるきみと並んで歩むことができたのは、僕にとって最高に誇らしいことだ。みんなきみをなつかしがるけど、いちばん寂しいのは僕だよ。

Contents

神は動物に与えたもう、
見る力をしのぐ知恵を。
彼らに備わる生きるすべを、
我らは汗して学ばねばならない。

――マーガレット・アトウッド「神は動物に与えたもう」

動物が私たちの生活に入ってくるのは、教えを説くためだ。
言葉を話せないからお荷物になるなんてとんでもない。
彼らが気持ちを伝える方法はいくらでもある。
だから私たちはなんとなく聞きながしたり、
見のがしたりするのではなく、きちんと耳を傾け、
目を向けなくてはいけない。

――ニック・トラウト『愛は最高の良薬』

ザ・カリスマ
ドッグトレーナー

シーザー・ミランの犬が教えてくれる大切なこと

シーザー・ミラン
メリッサ・ジョー・ペルティエ
藤井留美［訳］

はじめに

新しい教師との出会い

僕といっしょに目を閉じて、こんな一日を思いうかべてほしい。

窓辺に聞こえる鳥たちのさえずりで、夜明けとともに目が覚めた——一日を始めるのに目覚まし時計なんていらない。太陽の光が目に飛びこんできた瞬間、興奮と喜びと期待がひとつになって全身を満たす。そのまま朝のヨガを始めて、全身の筋肉を伸ばし、緊張をほぐしたら、外に出てひと汗かこう。

ウォーキングで近所を一周しながら、健康な自分を実感する。新鮮な空気を吸いこむたびに、草花や木々の匂いが鼻をくすぐる。コースも時間も毎日同じなのに、まるで初めて経験しているみたいだ。友人やご近所さんを見かけたら、元気よくあいさつ。明るくあいさつを返してくれる人たちもまた、これから始まる一日を楽しみにしている。

家に戻って朝食にしよう。家族みんながお待ちかねだ。抱きしめて、キスをして、尽きることのない愛と喜びを伝えあう。みんなで庭に駆けだして、ふざけたりじゃれあったりしながら一日を祝福するのが朝の日課だ。愛する人とともにいられる喜びとありがたさ。それを分かちあえなくて、人生に何の意味がある？

さあ、そろそろ仕事に行こう。胸をわくわくさせながら職場に到着。大好きなことでお金が稼げるのは誇らしい気持ちだし、自尊心も大いに満たされる。同僚たちと元気よくあいさつをかわす。みんな見た目はばらばらだけど、共通の目的に向かってがんばる大切な仲間だ。雑用をする者から経営のトップまで、いっしょに働くすべての人を尊重する気持ちをいつも持っている。もちろんトップもその考えは同じ。誰もが仕事で不可欠な役割を果たし、利益も公正に分配される――それが会社の理念なのだ。

ときには仕事で意見が衝突することもある。自分にはない能力を誇る仲間もいれば、仕事のやりかたに納得できない同僚もいるだろう。それでも陰で誰かの足をひっぱったり、ひそかに根回ししたり、給湯室でこそこそ噂（うわさ）をする人間はこの会社にはいない。考えが合わないと思ったら、その場ですぐに発言する。そのせいでいざこざになっても、五分もすれば決着し、話がまとまって、怒りも遺恨（いこん）もなく仕事に戻れるはずだ。

まさに理想の世界だ。だけどこんなの無理に決まってる。しょせんは都会のおとぎ話だ——。

いや、そうでもない。人間が犬たちの生きかたを見習ったら、ほんとうにこんな世界が実現するかもしれない。

犬は人間のいちばん良いところを引きだしてくれる。

僕はこの一〇年間に、犬の行動に関する本を六冊世に送りだした。そこには僕がリハビリをした犬たちの物語と、具体的なテクニックが満載されていて、ほとんどがニューヨーク・タイムズ紙のベストセラー・リストに載った。これまでの本では、僕は犬を指導する教師であり、犬たちはいわば生徒だった。

でも今回はちがう。この本では、犬が先生だ。僕が人生で犬たちに教わった大切なレッスンを、これからみなさんに伝えていこうと思う。

犬はいつも僕たちのすぐそばにいて、あらゆる行動で良い生きかたを示している。けれども、僕たちはそんなことに気がつかない。犬のふるまいを当たり前だと見過ごし、自分たちのほうが人生のことはよく知っているし、犬に教わるようなことはないと思いこんでいる。

たしかに、僕たちは犬を人間に近づけようと多大なエネルギーを注いでいる。人間の言葉を理解させようとするし（自分たちは犬の言葉をわかろうともしないくせに）、「お座り、待て、来い、付け」を教えこむ。それは人間に都合がいいからだ。人間の子どもみたいにねこかわいがりするし、おしゃれな服で飾りたてたりもする。でも犬は、あの子のおもちゃがいいと駄々をこねたりしないし、ファッションになんて興味もない。

人間と同じようにふるまうことを犬に教えこんで、何の意味があるのだろう。僕たち人間どうしでさえ、おたがい仲良くできなくて苦労しているというのに。名誉、尊重、決まりごと、同情、誠実、信頼、忠実――犬はこうしたことを大切にする生き物だ。群れ（パック）の上下関係と、相互に利益を与えあう関係がいかに重要か本能でわかっている。ならばこちらから教えるだけでなく、一度犬から学んでみてはどうだろう？

僕がこの本を書こうと思ったのは、犬は人間の教師になれることを伝えたいと思ったからだ。人が望んでもなかなか手に入らない美徳は、みんな犬が持っている。犬たちは道徳的な決まりをきちんと守って毎日生きているが、人間はそうしたいと願うだけで、なかなか実践できない。それに犬は人間のことを、僕たちよりよっぽどよくわかっている。

「汝自身を知れ」とはソクラテスの言葉だが、僕はあえてこう言おう――自分自身を知りたければ、自分の犬を知れ。あなたの愛犬は、ほかのどんな人よりも「ほんとうの」あなたを知っている。あなたの生活習慣を熟知しているし、あなたのしぐさや雰囲気から気持ちを読みとることもできる。あなたのなかから無意識の思考を引きだして、魂のいちばん深いところを鏡のように映しだすのだ。


犬と馬ほど、私たちを深く理解している哲学者はいない。

――ハーマン・メルビル（『白鯨』を書いた米国の作家）

犬は進化して教師になった

犬が人間にとって最高の教師なのは、必要に迫られたからだ。人間とともに生きてきた歴史を持つ犬は、人間の行動をつぶさに読みとり、人間に協力することで共存共栄できるよう地道に学習を続けてきた。

アフリカで誕生したヒトの祖先は、そこから何千キロ、何万キロも移動して世界中に広がったが、そこにはいつも犬がいた。犬は人間とともに狩りをして、家畜の群れを見張り、敵の侵入から人間を守ってくれた。やがて人間は狩猟・採集の生活を切りあげ、定住して農業を始める。時代が下って工業化が起きると、都市に暮らす者も増えた。それでも犬は人間のそばを離れず、生活がどんなに激変しても適応してきた。

犬は人間の習慣を、自らの習慣と同じくらい知りつくしている。人間の態度や声の調子から心理を読みとることも覚えた。種を存続させるために、犬は人間のあらゆる行動に精通する専門家になった。もし犬が人間の言葉を話せたなら、最高の友人であり、教師であるだけでなく、心理学者としても一流だったはずだ。

いま世界には四億頭以上の犬がいる。米国では、全世帯の四分の一が犬を飼っている計算だ。お金持ちでも貧乏でも、信仰があっても無神論者でも、大都会でも農場でも、犬は人間と協力して生きていくすべを身につけている。

何万年もの長きにわたって、人間と幸福な共存を続けてきた動物は犬だけだ。科学者ブライアン・ヘアとヴァネッサ・ウッズは、著書『あなたの犬は「天才」だ』(早川書房)のなかでおもしろい仮説を立てている。犬は先史時代のオオカミからいまのように進化する過程で、人に家畜化されてきたが、犬も人間を家畜化してきたというのだ。狩猟犬、牧羊犬、番犬などの役割を果たせば、食べ物がもらえるし、雨風もしのぐことができる。そのことを学習した犬と人間とのあいだに、種のちがいを超えた愛情が育っていった。

いまから三万四〇〇〇年ほど昔のこと。犬の祖先であるオオカミの一頭があることに気づいた。狩りや偵察、追跡、家族の保護など、自分たちが毎日当たり前にやっていることが、二本足で歩く奇妙な生き物には難しいようだ。それを手助けしてやれば、向こうがお礼に面倒を見てくれる――こうして人間を恐れず、人間を恐れさせない性格のオオカミは、野生の仲間たちより有利な条件で生きられることになった。

犬はこうして人間を理解し、人間の世界に溶けこもうと努力を続けてきたが、いっぽうで人間はお高くとまったままだった。僕のところに相談にやってくるクライアントのほとんどは、犬の問題に自分は関与していないと思っている。でもほんとうは、犬の困った行動はほぼ例外なく飼い主から始まっている。「シーザー、お願い。うちの犬を何とかして!」と飼い主たちは頼みこむが、犬より先に自分たちを何とかしなくてはならないのだ。

親友は進化してきた

犬はいつも人間のそばにいて、人間の姿を観察し、そのエネルギーを読みとりながら進化を続けてきた。人間が敵から身を守りたいときは、危険をいち早く察知して警告してくれる。人やものを運びたいとなれば、そりや荷車を力強く曳(ひ)いてくれる。そして人間が寂しくなったとき、犬はそれまでの役割から一段上がって、人間の親友になることを学習した。

昔は犬にまかせていた仕事も、文明が進歩したいまではほとんど出番がなくなった。だが、犬たちはそんな現実にもしっかり対応して、人間の苦境を助ける新たな活路を見いだしている。病気のわずかな徴候を察知したり、災害現場で被害者を捜索・救出したり、病院で患者の心を癒(い)やしたりしているのだ。もちろん一般家庭でも、家族の一員として明るさを振りまいてくれる。

人間と犬の関係は深い。金魚やフェレット、猫、農場の動物といったほかの動物とはくらべものにならない。きっと人間も犬も社会性が強いので、相互依存の大切さや、他者を気づかうことの意味を理解できるからだろう。

最初は生活をともにするだけだった犬も、やがてかけがえのない仲間となり、いまでは大切な家族の一員だ。彼らのシンプルすぎる生きかたは、信頼、尊敬、献身、忠実という言葉の意味が理解できる。犬たちは進化の階段をひとつ上がって、人間を導く偉大な教師にだってなれるのだ。

> 犬はすばらしい生き物だと思うわ。惜しみなく愛を注いでくれる。私にとっては、犬こそが生きるお手本なの。
>
> ——ギルダ・ラドナー（米国の女優・コメディアン）

人生でいちばん大切な教え

相手を尊重すること。関係がぎくしゃくしても、正面衝突を避けて解決すること。社会に生きる自覚を持つこと。子どものころ、それを教えてくれたのは農場にいた犬たちだった。犬の群れ（パック）が平和的に協力する様子を見て、平静な態度というものを学んだ。犬たちの単純で裏表のないコミュニケーションは、正直さと誠実さのお手本だった。いまの自分があるのも、彼らがロールモデルになってくれたおかげだ。犬たちを見るたびに、自分はもっと良い伴侶、友人、父親、教師にならなければとあらためて思う。

自宅でも、そしてドッグ・サイコロジー・センターでも、
僕のそばにはいつもすばらしい犬たちがいる。

犬に学ぶには、まず犬とつながらなくてはいけない。だが人間のほうが上だと思ってはだめだ。謙虚になって、新しい形のコミュニケーションに心を開く必要がある。犬にかぎらず、あらゆる動物から学ぼうと思ったら、彼らの目を通してものごとを眺め、彼らの世界を理解しなくては。

人間の生活はとても複雑になっている。画期的なテクノロジーで便利になるのはありがたいけれど、動物としての自然な本能からどんどん遠ざかっている。仕事でストレスをため、長時間の通勤に耐え、コンピューターの画面に何時間もしがみついている生活が当たり前だと思っているのだ。子どもたちだって、宿題に追われて遊ぶ時間がない。木に登ってぼんやり過ごす子なんて、どこを探しても見つからない。みんなテレビゲームに釘づけだから。おとなたちも、家じゅうを掃除したり、こまごました用事を片づけたり、ローンを返済したり、公共料金を支払ったりと大忙しだ。そんな些末(さまつ)なことにかまけてばかりだと、世界を自分の目でとらえて、二度とない貴重な瞬間を味わうことなんてできない——犬たちはいつもやっていることなのに。

犬は二四時間三六五日、本能だけの世界に生きている。平安と幸福を手に入れる秘密は、実はそこにあるのではないか。僕はそう思っている。人間も動物である以上、忙しすぎるいまの生活に問題があることは本能的にわかっている。だからセルフヘルプの本を読みあさったり、食べ物やクスリに頼ったり、ギャンブルや買い物に走ったりする。そうやって周囲の雑音を遮断して、心の平安を得たいのだ——むなしい努力ではあるけれど。でも足元に視線を落としてみれば、そこには世界最高のお手本が腹ばいになっている。

犬から学べる人生のレッスンはたくさんある。信頼すること、忠実であること、穏やかであること、無償の愛を注ぐこと。なかでもこの本でぜひ伝えたいのが、僕が人生で出会った犬たちから学んだ八つのこと——尊敬、自由、自信、正しさ、許し、知恵、回復、受容だ。

それを教えてくれた先生を紹介しよう。ピットブルのダディとジュニア。誇り高く高貴な農場犬パロマ。ロットワイラーのケインとサイクル。そして小さなフレンチ・ブルドッグのサイモン。

これまでの人生で数えきれない犬に出会ったけれど、彼らが僕の胸に残した足跡は特別だ。それを章ごとにたどっていけば、犬たちの教えに導かれた豊かな自己発見の旅になるだろう。

パックにリーダーとフォロワーがいることはごぞんじの通り。ならば僕たちもそろそろ犬の世界観、ライフスタイル、価値観(パックの社会的価値観だ)の〝フォロワー〟になってもいいのでは? 犬の生きかたは利己主義の正反対。つねにパックの幸福が最優先で、自分の利益は二の次だ。いまの瞬間だけに生きる犬は、森で遊ぶときも木々の美しさはしっかり満喫している。道に迷うのはそのあとだ。

人類の歴史のなかで、いまほどパック的な世界観が求められている時代はないだろう。いま持っているもので満足し、単純で当たり前の感覚を大切にしよう。人生でいちばん大切なのは家族、健康、喜び、バランスなのに、僕たちはそれを後まわしにしている。犬はぜったいにそんなことをしない。周囲の環境や、いまの状況、あるいは身近な誰かのバランスが崩れていると感じても、それを正そうなんてみじんも思わない。炎に近づいた手を思わずひっこめるように、単純に反応するだけだ。それに人間の変わりやすい気分を読みとる術にかけては、犬の右に出る者はない。

愛するペットを注意ぶかく観察しながら、耳をそばだててみよう。そこには僕たち人間が成長し、自分への理解を深める鍵が隠されている。犬の知恵は魂を癒やしてくれる妙薬だ。でも人間本位の世界では、そのことが忘れられている。

さあ、新しい生きかたを見つける旅に出発だ。犬たちの含蓄に富んだ教えを学びに出かけよう。

Lesson

1 尊重すること

友よ、僕たちは太陽と月、海と陸だ。僕たちがめざすのはおたがいが入れかわることではなく、おたがいを認めあい、相手をよく見て、ありのままの姿に敬意を払う。正反対の位置で補いあうのだ。

——ヘルマン・ヘッセ『知と愛』

パロマの外見は、農場にいるほかの犬と変わらない。オオカミを思わせる長い顔、軽く巻いた尻尾（しっぽ）、長い脚、コヨーテのようにやせこけた身体。ただ、ほかの犬が茶色や灰色なのに、パロマだけは一点の染みもないクリーミーホワイトだった。暑くて長い一日を終え、夕陽を背にして戻ってくるときは、さすがに逆光で色はわからない。それでもパロマには、ほかの犬にはない何かがあった。小高い丘の上で、土ぼこりを巻きあげながら疾走（しっそう）する姿に威厳さえ感じるほどだ。

パロマはいつも祖父の真横かうしろにぴたりとくっついていた。ほかの人間や犬に先を越されることは決してない。ここは西海岸に面したメキシコのシナロア州。僕たちが暮らすクリアカンの町の郊外には丘陵が広がり、ドラゴンフルーツの木がぽつぽつと生えている。パロマはドラゴンフルーツの木のようにまっすぐな姿勢で、両耳はぴんと立て、電波を受信するアンテナみたいに左右に動かしている。じっとしているときも、目はたえず動いて周囲を観察していた。

農場を営むわが家には七頭ほどの農場犬がいたが、パロマはまちがいなく群れ（パック）のリーダーだった。家族、犬、日雇い農夫も含めた農場全体を束ねるのは祖父だが、パロマは種こそちがうものの、祖父の頼れる右腕だ。そのことはほかの犬たちも人間もわかっていた。

パロマは農場で一目（いちもく）置かれ、尊重される存在だった。祖父と同様、パロマも生まれながらのリーダーだった。穏やかで控えめだが、自分の役割をしっかりわきまえている。パロマは祖父のように夜明けから日暮れまで働いて生活の糧（かて）を得ていたし、配下にいる者たちの安全と幸福に責任を持っていた。

祖父母、両親、妹のノラと農場で暮らしていた幼い僕は、パロマにすっかり魅せられた。ほかの犬たちといっしょに、彼の行動をつぶさに観察する。子犬のしつけ、群れがぎくしゃくしたときの秩序の保ちかた。祖父が犬たちに命令するとき、いち早くその意図を了解してすばやく反応する様子。パロマを見つめると、明るい茶色の瞳がまっすぐ見返してくる——それはただの犬ではなく、もっと深くて聡明な魂と触れあう瞬間だった。時を超えた知恵と理解がそこにはあった。

パロマが目で語ってくれたときのことを、僕はいまでもはっきり覚えている。彼は言った。「いつかおまえも自分のパックを率いるようになる」

それから四〇年近い歳月が流れた。パロマも群れの犬たちも、とっくにこの世を去っている。どんなに親しみ、愛を注いだ犬でも、先に旅だっていく。それを思うと人間であることが恨(うら)めしい。でも、米国カリフォルニア州サンタクラリタにあるドッグ・サイコロジー・センターにいると、いまでもパロマたちの姿が見えてくる。お化けなんかじゃない。いきいきと呼吸する彼らのエネルギーが、なだらかな丘や谷間の空気を震わせているのだ。

振りかえれば、僕が最初にリーダーシップを知ったのは、農場を切り盛りする祖父の姿からだった。祖父は大きな声を出さなくても、まわりの人間を動かすことができた。水不足で作物がしおれても、祖父は怒りや不安を表に出さなかった。腕は確かで信頼できるから、人間だけでなく動物たちも祖父に喜んで従った。

パロマは動物の世界で祖父と同じような役割を果たし、みんなの尊敬を集めていた。吠(ほ)えたり唸(うな)ったりしなくても、パックのメンバーはパロマについてくる。暑さや飢(う)えでみんなが苦しんでいるときも、パロマは不安や恐れを見せなかった。

祖父とパロマに共通するのは、仲間の信頼と尊敬をかちとる能力だ。僕自身もそれを身につけたくて、努力に努力を重ねた。信頼関係を築き、相手に尊重されなければ、リーダーにはなれない。それは人間と犬の関係の重要な第一歩だ。ここで失敗したリーダーは、恐怖政治に頼るしかなくなる――それは動物の世界、そして人間と犬の関係ではぜったいにうまくいかない。

けれどもドッグトレーナーのあいだでは、僕のトレーニングが「支配型」だというまことしやかな噂が流れている。リーダーの犬に、群れの犬を屈服させたり、威嚇(いかく)したりすることを教えているというのだ。だが祖父とパロマから学んだリーダーシップも、僕がめざすインスピレーション・リーダーシップもそんな種類のものじゃない。パック・リーダーの土台になるのは尊重と信頼。恐怖と支配ではないのだ。

人生はめぐる

僕はメキシコ、クリアカンにある祖父の農場で生まれ、幼少期を過ごした。農場での暮らしは昔そのもので、祖父母、両親、それに子どもたちまで仕事をまかされ、毎日働いた（下のきょうだいは最初はノラひとりだったが、あとで妹のモニカ、弟のエリックが加わった）。

祖父は小作農家だったから土地の所有権はなかったけれど、そこに住むことは許されていた。乳しぼり、養豚、鶏卵集め、野菜の収穫と忙しい日々のなか、祖父は副収入のために鉱山で働くこともあった。農地を借りつづけ、家族を養うには、それだけの重労働が必要だったのだ。祖父は最後まで農場で暮らし、一〇五歳の生涯をまっとうした。

いつの時代の話かと言われそうだが、そのころ発展途上国の暮らしはこんなものだった。いまでもメキシコに住む親戚たちは、似たり寄ったりの生活をしている。

僕が六歳のとき、両親は二〇〇キロ離れたマサトランに移った。でも僕は十代終わりまで、夏休みは祖父の農場で過ごした。思い出を美化していることはわかっている。それでも、バランスの取れた幸福を知ることができたのは、農場での単純で素朴な暮らしがあったからだといまでも思う。

メキシコ西部、シナロア州クリアカンの祖父の農場にて。
家族みんなが力を合わせて働いた。

　とはいえ、生活の現実はそれほど牧歌的なものではない。家族総出で夜明けから日暮れまで働きづめ。人も動物もそれぞれの役目をせいいっぱい果たさなくてはならない。そこで頼りになるのは犬たちだった。山羊や牛の群れをまとめ、作物がネズミやウサギ、鳥に食われないよう監視して、危険な動物や知らない人間が近づいてきたらすぐに教えてくれた。

　パロマが率いる犬たちがいなければ、祖父はその働きぶりで地主を納得させ、家族を食べさせていくことはできなかっただろう。

パロマが家族になった日

メキシコの農場では、牛、馬、ブタは売ったり買ったりするものだが、犬はいつのまにか居ついていることが多い。でもパロマはちょっと特別だった。

僕がまだよちよち歩きだったころ、祖父が近所の農場を訪ねたら、ちょうど犬が出産したところだった。祖父が見にいったら、灰色や茶色の子犬に混じって一匹だけ真っ白な子がいた。その子は元気旺盛で、プライドが高く、ほかのきょうだいを押しのけて母犬のおっぱいを独占しようとする。祖父はいろんな動物のエネルギーに波長を合わせることができる人で、白い子犬の強さに感心し、リーダーの素質があるとすぐに見ぬいた。祖父は、この子が乳離れしたら譲ってほしいと農場主に頼んだ。お礼はブタを一頭だ。農場主は快諾した。

白い子犬はパロマと名づけられた。スペイン語で鳩という意味だ。英語では女の子の名前だが、スペイン語だとどちらにも通用する。祖父がこの名前にした理由はわからないが、きっと毛の色から白い鳩を連想したにちがいない。

太陽の下ではみんな平等

祖父の農場では、僕の父も、雇っている農夫たちも、動物たちと自然な関係で働いていて、農場の仕事には動物の存在が不可欠だった。犬たちは屋外で寝起きする。食事はドッグフードじゃないし、泡のお風呂に入れてもらうこともない。それでも彼らは家族だった。たとえるなら隣に住む親戚のようなもの。自分たちの生活と密接に関わり、切りはなせない存在だけど、家ごとに習慣も決まりごともちがえば、文化も異なる。そんな感じだった。

犬たちは言葉だってしゃべれた。スペイン語を操るということではなく、エネルギーという言語で会話ができるのだ。犬と人間のあいだに上下関係や差別はなく、同じ目的に向かって努力する者どうしが尊敬しあい、信頼しあっていた。それはほかの動物も同じ。鶏(にわとり)が猫より劣るとか、猫が犬より価値がないとか、犬より馬が優先されるなんてことはない。大きな目的に向かっているという意味では、みんな同じ価値を持っているのだ。

米国に来てから出会った飼い主たちは、自分のペットに「愛してる」とよく言う。でも僕の家族はそんな言葉は一度も口にしたことがない。パロマはいつも祖父のそばにいたが、祖父はパロマを自分のベッドで寝かせたり、おやつやおもちゃを与えたりしなかった。それでもいつもパロマを尊重し、感謝して、犬たちの食べ物や水が足りているか、快適に過ごせているか気を配っていた。そんな祖父の気持ちをパロマも感じとり、人間の家族に必要とされたときはすぐさま反応した。相手を尊重すること、それは強力な愛情表現だと僕は思っている。

動物に接するときは、つねに信頼と尊重を忘れるな——それが祖父の教えだ。相手のことが必要ならば、それに応じた敬意を払うこと。迷子になったロバをせっかく見つけたのに、あいにく綱が手元になかったら？　そんなときも、信頼と尊重をきちんと示せば、ロバはついてきてくれるはず。力ではなく信頼が綱となって、協力関係を実現してくれるのだ。

犬は動物のなかで最も忠実だ。これほどありふれた生き物でなければ、もっと珍重されたにちがいない。われらの主である神は、私たちの身近なところにすばらしい贈り物をしてくれた。

——マルティン・ルター（一六世紀ドイツの宗教改革指導者）

過ちから学ぶ

祖父の農場のように共同作業が中心のコミュニティでは、ひとつの過ちが大変な事態を引きおこす。幼いころの僕はいたずら好きで、元気と好奇心がありあまっていた。どんなことでもひとつ先を知りたがり、「どうして?」を連発して母親をいらいらさせていた。子どもはそうやって何にでも首をつっこみ、痛い目にあいながら自分の境界を広げていく——僕もそうだった。

僕が六歳ぐらいのこと。妹とけんかになった。母が妹の味方をしたものだから、僕は腹を立てて家を飛びだした。父と祖父が作業している畑に行くつもりだった。

家の外には、一頭の馬がつながれていた。僕がすぐ横を通ったら、馬は僕の怒りに反応して激しく足を踏みならし、高く蹴りあげた。中庭でえさをついばんでいたひよこたちは、僕の気配を察してあわてて逃げだした。雄鶏は羽を大きく広げ、甲高い声をあげて追いかけてくる。畑に通じる小道のそばでは、ロバが桶(おけ)に入った水を飲んでいた。僕が乗っていいのはロバだけだったので、背中に飛びのって、横腹に蹴りをひとつ入れた。ところが、柔和で控えめな性格のロバでさえ、背中を曲げて僕を拒絶し、頑として動こうとしなかった。

結局、畑には行くことができなかった。みじめな気持ちで家にいたら、仕事を終えた父と祖父、それにパロマが丘を下ってくるのが見えた。僕は急いで祖父のところに行って、みんな意地悪だと訴えた。動物たちでさえ、僕を畑に行かせようとしなかったと。祖父はそれを聞いてくすりと笑った。

「妹が悪いことをしたかなんて、どうでもいい」祖父は言った。「問題はおまえの態度だ。おまえは農場に怒りをまきちらした。そんなことをしてはいけないと動物たちは注意してくれたのに、聞く耳を持たなかったんだ」

池に石を投げこんだように、僕の怒りと衝動は負のエネルギーとなって農場にさざ波を立てた。それが動物たちに伝われば、信頼と尊重の関係は壊れてしまう。動物は、相手が信頼できないと感じたらどうするか。相手の誤りを（力を使って）正そうとするか、逃げだすか、追いはらうかだ。

「動物に罪はないんだぞ」祖父は繰りかえし僕に言った。「動物が暴れるのは、おまえが何かしたからだ。おまえは動物たちに対して責任がある。だから動物への敬意を忘れちゃだめだ」

自分は悪いことをした――僕にもやっとそれがわかってきた。農場での仕事が円滑に進んでいるのは、関わっているみんながおたがいを頼りにして、バランスを取っているからだ。そんな世界では、小さな過ちも全員の命取りになりかねない。僕はまだ幼く、経験もなかったけれど、祖父と農場の動物たちのおかげで、自分の行動と感情をコントロールすることを覚えていった。

科学の窓から

尊重とはフェアプレーのこと

犬、オオカミ、コヨーテなどイヌ科の行動を長年研究してきた動物行動学者マーク・ベコフは、「フェアプレー精神」と明確な意思疎通の努力こそが社会生活を円滑に送る秘訣(ひけつ)だと確信している。フェアプレーも意思疎通も、おたがいを尊重していないとできないことだ。

犬もオオカミも、遊ぶときは本能的に相手の立場を考慮する。身体の大きいオオカミは、小さいオオカミを力いっぱい噛んだりしない。パックのリーダー役の犬は、下位の犬の前でわざと寝転がり、腹を見せる。「いまやってることは、本気じゃなくてただの遊びだから」と伝えているのだ。もし調子に乗りすぎて相手を傷つけてしまったら、頭を下げ、お尻を高く持ちあげる姿勢(プレイバウ)で〝謝罪〟する。「ごめんごめん。さあ、遊びに戻ろうよ」という意味だ。

犬もオオカミも、おたがいに敬意を払うことで群れを安定させ、摩擦を最小限にとどめている。こうした社会的行動は、人間の道徳性の起源を探る手がかりになるとベコフは考える。人間もまた、高度な協力関係を築ける動物だからだ。

食べるために働く

犬たち——いや、犬だけでなくすべての動物——は、食べ物と水を得るために働かねばならない。僕はそのことを、著書やテレビ番組を通じていつも訴えている。もちろん人間も同じだ。僕が育った農場では、馬も犬も、そして人間も必死に働いた。けれども、食べ物はいつも充分とはかぎらない。母は豆のスープを薄めて、六人家族の食事をまかなうこともあった。不作の年は、トルティーヤとスープだけの食事が一日に一回きりだった。めったに話さないことだけど、あのころはいつも飢えていた。すきっ腹はナイフで胃を切りさかれるようにつらく、短気になって暴れることもあった。おとなになったいまでも、飢餓感は怒りに直結する。懸命に感情を抑え、いまの自分を保っておかないと、過去の満たされない感覚にのみこまれてしまうのだ。

農場では、人間が飢えているときは犬たちも飢えていた。鶏はミミズや虫、穀物をついばんでいればいいし、馬やロバ、牛は草を食むことができる。でも犬は人間の食べのこし――肉の切れ端、豆、トルティーヤ――で命をつないでいた。

わが家の食品庫がからっぽになると、パロマは群れの犬たちを連れて食べ物の調達に出かけた。大した収穫はなく、ウサギや魚、鳥、カメでも捕まえられたら儲けものだった。犬たちは飢えていても、いらだったり、泣き言をこぼしたり、人間に八つ当たりはしなかった。毎日やるべき仕事をこなし、子犬の世話をした。いつでも逃げだすことはできたのに、農場で働き、人間を助ける生きかたを選んだ。彼らは人間の働き手とちがって、遅刻もズルもしないし、休暇も必要ない。農場での役割に価値があることを理解し、働くことに喜びを感じていたのだ。

犬たちの忍耐、献身、一貫した姿勢には頭が下がる思いだった。彼らの〝労働倫理〟には尊敬の念を覚えずにはいられない。

犬が敬意を払うとき

- **相手にパーソナルスペース（なわばり）があることを認識し、尊重する。**

- **相手に近づくときは礼儀正しく、〝型〟を守る。**
- **パック内の犬の立場と能力を見きわめる。エネルギーの低い犬は後方に、のんきな性格の犬は中央に、能力の高い犬は前方に配置するが、どの位置も重要であることを理解している。**
- **リーダー役を務めるのか、メンバーとして従うのか正しく判断して行動する。**

敬意にも序列がある

犬の群れ(パック)は大きく前方、中央、後方に分けられ、それぞれが群れの存続に重要な役割を果たす。前方に来るのは、パロマのようなリーダーだ。好奇心が強く、穏やかで、決断力があり、自信に満ちている。日常ではもちろんだが、未体験のことに挑戦するときもしっかりパックを先導する。中央にはのんびりした性格の犬が入って、パック全体のペースを維持する。後方が向いているのは感性の鋭い犬だ。周囲を注意ぶかく観察して、危険が迫っていないか警戒する。

犬の寿命は人間より短いし、僕のところにはひっきりなしに新しい犬がやってくるので、パックの顔ぶれも変化が激しい。だがパックをあまり大きくすると、収拾がつかなくなる。いまの僕のパックは全部で六頭で、ほとんどが小型犬だ。長老格はティーカップ・チワワのココで一四歳。わが家の末っ子カルビンといっしょに育ったせいか、冷静で自己主張が強いところがよく似ている。ココは年齢のわりに元気いっぱいで、わが家を取りしきっている。人生の荒波をともにくぐりぬけてきた仲間だけに、ココと僕は特別な絆（きずな）で結ばれている。でもココがいちばん好きなのはカルビンだ。ふたりは血がつながっていると言ってもいい。カルビンが犬になるとしたら、それはココだし、ココが人間になるなら、それはカルビンだ。

パックの前方にはベンソンもいる。プラチナブロンドの毛が魅惑的なポメラニアンだ。体重は二キロながらスケールの大きな性格で、生まれついてのリーダーだ。強靭（きょうじん）な性格で、自信に満ち、エネルギーが渦巻いている。水が大好きで、わが家の裏庭にあるプールに水しぶきをあげて飛びこむ姿は、犬というよりイルカみたいだ。

パックの中央でどんと構えているのはジュニア。「ブルー」と呼ばれる灰色がかった毛のピットブルで、筋肉のかたまりみたいなアスリートだが、性格はいたってお気楽でのんき。リーダーになろうなんて露ほども思っておらず、フォロワーの役割で満足している。ジュニアはとにかく遊ぶことが大好き。彼にとって世界は大きなひとつ

パックの犬たちと。ジュニア（左）、ベンソン（中央）、
アルフィー（上）、タコ（右）。

のゲームであり、そこにあるものはすべておもちゃだ。自分が参加できれば、ゲームの勝者が誰であろうと気にしない。騒ぐのをやめておとなしくするよう命令すれば、喜んで指示に従う。ゲームはあとでまたできると知っているからだ。

ジュニアは気分のむらがなく、温和でとてもやさしい。バランスを崩した犬たちのリハビリでは、僕の右腕として活躍してくれる。僕たちはどこに行くのもいっしょだ。従順で、愛情いっぱいで、遊ぶことが大好きなジュニアは、小さな子どもがいる家庭では理想的なペットになれるだろう。

ゴールデンブロンドの毛が美しいアルフィーは、ヨークシャーテリアのミックスで、ジュニアとともに群れの中央に位置している。性格はのんびり屋で、気分が安定していて、めったなことでは動じない。僕や婚約者のヤイーラのそばにいつも寄りそい、どこへでもついてくるのが彼の〝任務〟だ。犬好きならたまらない魅力だろう。ジュニア同様、アルフィーも理想の助手だ。周囲の人間や犬の要求をすばやく感じとる。犬は尻尾の生えた四本足の天使というけれど、アルフィーを見ているとなるほどと思う。アルフィーと目を合わせると、母が子どもたちを見守るような、混じりけのない、無限の深い愛情でつながっていると感じるのだ。

パックのしんがりを務めるのは、真っ黒なパグのジオだ。名前はナショナル ジオグラフィックからとったが、つづりはジオグラフィックのＧｅｏではなく、遊びごころでＧｉｏに変えた。ジオはわが家の道化役で、わざとだったり偶然だったり、いつもおかしなことをして笑わせる。そのくせちょっとよそよそしいところがあって、カウチに座っている僕たちの横で丸まっていたり、初対面の人と会ったりしているときの行動は猫そっくりだ。怖がっているのではなく、とても慎重なのだ。ジオは敬意と愛情を与えてくれる――ただし人間が先に敬意と愛情を示すことが条件だ。

最後はボタンみたいに丸い目をしたチワワのミックス、タコだ。メキシコの路上を

セレブの顧客ファイル

億万長者のB氏

　僕のクライアントのひとりで、世界的に有名な億万長者がいる。仮にB氏としよう。犬と仲良くなりたいと思ったB氏は、護身にもなるジャーマンシェパードをドイツの一流ブリーダーから二頭購入した。

　B氏が僕に相談してきたのは、そのうち一頭のマックスの様子がおかしくなったからだった。B氏とマックスは愛情あふれる親密な関係だったのに、とつぜんマックスが冷淡でよそよそしくなり、気持ちが通わなくなったというのだ。

　話を聞くと、マックスといっしょに最初にやってきたロルフが最近死んで、ブルーノという新しい犬に代わったことがわかった。ブルーノはたちまちB氏の心をつかんだ。

　これは敬意の問題だ――僕はすぐに気づいた。支配欲が強いブルーノは群れのリーダーとなり、飼い主であるB氏をもしのぐ地位に君臨していたのだ！　マックスはそんな新リーダーを尊重するために、ブルーノの「所有物」となったB氏にみだりに近づくのをやめたのだ。

　ビジネスでは敬意を忘れたことのないB氏だが、犬の世界でもそれが重要であることを知らなかった。僕はB氏に、エネルギーとボディランゲージを使ってパック・リーダーの地位を取りもどす方法を指南した。するとマックスはブルーノをボス扱いするのをやめ、二頭ともB氏に敬意を払うようになった。マックスとB氏にも、以前のような愛情あふれる関係が復活した。

　犬に敬意を払ってもらうには、犬を尊重してやること。犬の世界では、敬意があるかどうかで行動が大きく変わる。

うろついていたところを拾われた。まだ四歳なのに知恵がずいぶん発達している。群れの後方にいるべき犬のお手本だろう。内気で、知らない人や状況にはおじけづくこともあるが、周囲で起きていることを敏感に察知するし、ほかの犬や人を鋭く観察して的確に判断する。

わが家の裏庭や、ドッグ・サイコロジー・センターで、犬たちは毎日いっしょに遊んでいる。その様子を眺めていると、おたがいを尊重することがいかに大切か痛感する。リーダーは中央の犬たちを尊重し、中央の犬は後方の犬を尊重する。後方の犬は最前列の犬に敬意を払う。どの位置もおたがいになくてはならないからだ。だから犬たちが衝突することはめったにないし、もしぶつかってもすぐ解決する。動物の世界では、こんな風におたがいを尊重してみんな生きているのだろう――それができないのは、二一世紀の人間だけかもしれない。

人間の世界では……

でも人間だって、もっとおたがいを尊重できるはず。それにはどうすればいい？

答えはひとつ。信頼関係を築くことだ。でも最近の人間は、その努力を少々さぼり気味だ。ここはぜひ犬たちから学ぶとしよう。

莫大な富や派手な行動が賞賛される現代社会では、SNSの「友達リスト」「いいね」「フォロワー」の数が尊敬のものさしになっている。何とも悲しいことだ。

犬たちはというと、ボディランゲージで敬意を表す。さもないとたちまちけんかになり、群れから追いだされるだろう。人間社会はそこまで厳しくないので、相手を馬鹿にしてもおとがめなしだ。子どもたちがおとなをなめて反抗したり、不安定になるのも無理はない。

僕が子どものころは、リーダーや年長者に失礼な態度をとることは考えられなかった。四六歳のいまになっても、年上の人には「サー」「マアム」で呼びかける。だが、それぞれ二一歳と一八歳になる息子のアンドレとカルビンの態度からは、少なくとも僕の両親と祖父母が受けていたような敬意は感じられない。僕は父にはていねいな話しかたをするし、父の前では口にしない言葉、見せない態度がある。そんな風にしつけられたのだ。

完璧な犬を育てたことはたくさんあっても、人間の子育てとなると手探りだ。いま思うと、前妻と僕は息子たちにルールと制限をしっかり教えていなかった。もちろん、彼らが育った世界は僕の子ども時代とは雲泥の差だ。それに自分の境界については、彼ら自身が試行錯誤のなかで線引きしていくものだ。僕が祖父の農場でやったように。

前妻と僕は良い親であろうと努めていたけれど、子育てやしつけではしょっちゅう意見がぶつかった。僕は厳格な父親のもとで育ったが、メキシコではめずらしいことじゃない。対してロサンゼルス育ちの前妻は米国式子育てが染みついていて、厳しくしすぎると子どもの情緒に良くないと信じていた。社会全体も、子どもに甘い育てかたが礼賛される風潮だった。僕の二人の息子、アンドレとカルビンはそんな環境で育ったのだ。

文化や教育観のちがいは、家族のあいだに緊張をもたらす。これはわが家だけのことではないだろう。育児書どおりにいかないのが子育てだし、犬をしつけるようにはいかない。父親である僕が許さないことも、母親なら大目に見てくれることを息子たちは学習した。僕は子どもたちに家事を分担させたし、週末の予定もきっちり組んだ。少し大きくなったら、労働の大切さを学ばせるために、報酬をもらえる仕事もさせるつもりだった。だが前妻は、高校までは自由にさせたいという考えだった。そのかわり大学進学は絶対だった。

そこも夫婦の考えが一致しないところだった。僕自身は、息子たちが大学に行く必要性をそれほど感じていなかった。いまでも当人たちにその気はないようだ。けれども、もし大学で学びたいと言いだしたなら、僕は大賛成するし、誇りに思うだろう。好奇心を持って、つねに学びつづけること、そしていろんな分野の本を読むようずっと言ってきたからだ。

ただ自分の経験からして、大学が成功の絶対条件だとは思わない。直観に従い、情熱を追いかけて努力を重ねれば、成功は訪れる。そのために大学での勉強が必要なら、大いに励んだらいい。その選択は息子たち自身にまかせたいと僕は思っていた。

アンドレとカルビンが成長してくると、家庭内のルールをもっと具体的に定めて、それを破ったときの対応を決める必要が出てきた。だが前妻は罰を与えることに反対で、家族で腹を割って話しあえば解決すると考えていた。息子たちは混乱していたはずだ。そのいっぽうで、両親の考えかたのちがいにつけこんで、うまく立ちまわったりもしていた。

賢い犬は、自分を尊重してくれない人間を喜ばせようと思わない。

——ウィリアム・R・ケーラー

（一九五〇〜六〇年代に活躍したドッグトレーナー）

尊重は一方通行ではない

犬のパックにかぎらずどんな集団でも、秩序を保つにはそれぞれの役割を尊重し、認めあうことが大切だと僕は思う。親を敬わない子どもが、学校で教師に敬意を払えるだろうか？　職場の上司、友人、配偶者を尊重できる？　子どもは相手を尊重することを学ばなくてはならない。それは自分のためにもなるのだ。犬の世界では、子犬は生後二週間もすると、母犬から尊重されることを学ぶ。母犬は子犬の首根っこをそっとくわえて運ぶし、子犬が良くないことをしたら鼻先で押してやめさせる。

僕の息子たちは、個性豊かで頼もしい若者に成長した。相手を尊重しなさいという僕の教えをしっかり身につけ、成熟したおとなとしてより深く理解しつつある。二人が一〇代半ばで、親の言うことを聞くより友人たちにいい格好をしたかったころは、僕の仕事は安直でくだらないと思っていたようだ。「テレビであんなことやって、バカみたいだ」。彼らは本気ではないにしろ、友人にそう言っていた。

でもいまは、僕がテレビの仕事でやってきたことに、二人とも深い敬意を払っている。人びとを教育し、態度を変えさせ、心を開かせるという仕事の意義に気づいてから、彼らはテレビが自己表現の手段だと理解し、興味を持ちはじめた。

いまカルビンは、子ども向けテレビ番組〈マット・アンド・スタッフ〉に出演しているし、アンドレも新しいテレビ番組の企画を進めている。二人とも若いなりに責任を背負い、着実に務めを果たしているようだ。僕の歩いてきた道をそのままたどってくれるのは意外だったが、父親としてはうれしいし、誇らしい気持ちだ。

敬意とつながり

他者を尊重することは、人格形成にとっても不可欠なことだ。それを教えてくれたのはパロマだった。パロマにとっては、人間か動物かという区別は問題ではなかった。もちろん性別、人種、信条も関係ない。全員がそれぞれの仕事をして、群れのなかで自分や相手の位置を大切にしているか――重要なのはそれだけだ。

人間でも動物でも、敬意を払っている相手には「僕ときみはつながっているんだよ」と伝えるべきだ。そのつながりが信頼を生み、あらゆる群れ(パック)の絆を深めてくれる。

みんながつながっていれば、力を合わせて大きな仕事を完成させることができる。大きなクリスマスツリーを立てる、農場の重労働を分担する、テレビ番組のスタッフをまとめる……どんな場合でも、まず敬意を払うことを肝に銘じる。すると心が軽くなって、あらゆる努力が実を結び、良い結果を生んでくれるのだ。

賢い青年に成長したアンドレ（右）を見ていると、
父（左）と自分（中央）の関係を思いだす。

メキシコにいた真っ白な農場犬パロマが、好奇心いっぱいの小さな男の子と視線を合わせたのは、いまから四〇年以上も前のこと。その瞬間に二人のあいだに尊重とつながりが生まれ、僕がいまのような人間となる種（たね）がまかれた。みんながパロマのような教師に学ぶことができたら、世界はいまよりずっと平和で、友好的になるにちがいない。

群れを仕切るときのパロマは誇り高く、美しく、そして力強かった。相手を尊重し、相手に尊重されることがその姿に凝縮されていた。僕自身は完璧にほど遠いし（息子たちを見ているとそれを痛感する）、自分のなかにある反抗的で厄介な少年の部分がときおり目覚めたりするけれど、家族、同僚、ファン、そして犬たちへの敬意を保つよう努めているし、僕にも敬意を払ってもらいたいと思っている。みんな同じ「農場」で働く仲間なのだ――そんな気持ちで生活していけば、努力はきっと成功へと花開くはずだ。

犬に学ぶレッスン　その1
相手を尊重するとはどういうことか

- 耳を傾ける。コミュニケーションは、相手の話に耳を傾け、「自分の声が届いている」と相手に感じさせるのが始まりだ。納得できないことでも、反論しないでとにかく聞く。それが尊重するということ。
- どんなに小さなことでも、他者の貢献を評価する。
- 相手に審判を下して、自分の都合で変えさせようとしない。
- 自分の言葉にも敬意を払う。やると言ったことはかならずやる。言行が一致しない人は尊重されない。

Lesson

2

自由であること

自由になるというのは、ただ鎖を解くだけではない。他者の自由を尊重し、他者を高めるように生きることだ。

——ネルソン・マンデラ（南アフリカの政治家）

それは小さな黄褐色の毛のかたまりだった。耳はチワワのようにとがって、薄汚れた短い胴体はコーギーのようで、茶色の瞳は人なつこそうに輝いていた。名前は**レガリート**。僕は彼のことを一生忘れないだろう。

レガリートは僕が最初に飼った犬だ。「自由であれ」という、人生でいちばん大切なことを教えてくれた。犬は自由を感じていないと、気性も行動もバランスを失う。それは人間も同じだということを、僕はレガリートから学んだ。

自由とは何だろう? その意味は人によってまちまちだ。二一歳の僕にとって、自由とは夢を追いかけるために国を出ることだった。不満だらけの仕事をやめることが自由の人もいれば、好きな人と結婚することが自由だという人もいるだろう。定義はどうあれ、自由をおろそかにする者は、満たされた人生を送ることはできない。

国外脱出

前章でお伝えしたように、メキシコのクリアカンにあった祖父の農場での日々は、僕にとっていちばん幸せな子ども時代だった。それからどうなったかというと、僕が六歳ぐらいのとき、父がマサトランに移ることを決めた。人口四〇万のマサトランは、途方もない大都会に思えた。両親は僕と妹のノラを座らせて、どこまでも青空が広がり、緑の丘がなだらかにうねり、畑が黄金色に染まる暮らしから、二階建てに入っている二部屋だけの小さなアパートに移ると告げた。

僕は悲しみに打ちのめされた。野生動物が、とつぜん動物園送りになったようなものだ。両親が引っ越しを決めた理由が僕だと知って、衝撃はさらに大きくなった。家父長制の伝統が色濃く残るメキシコの家庭では、男子は特別扱いだった。祖父は学校に行ったことがない。父も小学校を三年でやめてしまったので、当時たったひとりの男の子だった僕には、読み書きと知識を身につけさせたかった（弟のエリックが生まれたのは僕が一一歳のときだ）。僕を学校に通わせるには、農場を出るしかなかった。

祖父の大きなトラックに家財道具を父が積みこむ。その様子を眺めながら、僕は胸が痛いほど締めつけられ、涙をこらえるのに必死だった。学校の勉強がそんなに大切なの？　自然という最高の教室があるのに——そこでは、どんな学校でも習えないことを覚えられる。だけど両親はそう思っていなかった。父はマサトランでローカルニュース局のフォトグラファー兼カメラマンの仕事を見つけ、住むアパートも決めていた。嘆いたり、愚痴（ぐち）をこぼしても始まらない。前に進むしかなかった。

出発の日、すねている僕を祖父は見ていたのだろう。トラックに乗りこもうとしたら、腕に何かを抱いて家から出てきた。それがレガリートだ。レガリートとはスペイン語で「小さな贈り物」という意味。メキシコでは、旅人を迎えたり、見送ったりするときに贈り物をする習慣がある。

レガリートは祖父から僕への贈り物だった。トラックには父が飼っていた緑色のインコのつがいと、母と妹が連れていく数羽のひよこも乗っていた。新しい土地でも農場をしのびたかったのだ。そこに僕のレガリートも加わった。

いま振りかえると、祖父は僕が寂しがると思って子犬をくれたのではない。祖父自身が、孫息子に去られるのは寂しいと伝えたかったのだ。僕が生まれた国では、愛は言葉にしなくても、いつでもそこにあるものだった。職場だろうとどこだろうと、気軽にキスやハグで愛情を表現するやりかたは、米国に来るまで無縁だった。レガリートは、祖父にとって僕への別れのハグだったのだ。

休暇みたいな暮らし

マサトランに着くと、落ちこんだ気分はすぐに吹きとんだ。にぎやかでめまぐるしい都会は刺激がいっぱい。大通りをかっこいい車が行きかっているし、一ブロック歩くだけで店がいくつも現れるし、市場は色とりどりの豊富な品物の洪水だった。金色に輝く砂浜と、きらめく青い海も生まれて初めて見るものだった。幼い僕の目にはすべてが新鮮な驚きで、新生活は家族で出かけた休暇旅行のようだった。

父は新しい職場で働きはじめた。僕は小学校に入ったが、初日から居心地は最悪で、教室に一日中閉じこめられるのがいやでたまらなかった。母は子どもと動物の世話で大忙しだった（ひとと おりの家事のほかに、インコとひよこと犬のねぐらを清潔にしておかないと、たちまち悪臭だらけになるのだ）。母は少しでも副収入を得ようと、縫物の内職も始めた。

マサトランでの生活はお金がかかった。農場では自給自足だったから、どんなに食べ物が不足していても、母はいろいろかき集めて家族に食べさせることができた。でも都会ではそうはいかない。アパートは居間兼台所と寝室だけで、ごちゃごちゃした玄関で鶏を飼い、卵を産ませるぐらいしかできない。野菜も果物も市場で買ってこなくてはいけなかった。棚にあふれるほど食べ物が並ぶスーパーマーケットなんて、まさに驚異の光景だ。両親は都会暮らしにどれぐらいお金がかかるのか、よくわかっていなかった。食事はシリアルとトルティーヤとバナナばかり。肉なんてめったに買えず、鶏肉やブタの足でさえクリスマスだけのごちそうだった。肉はお金持ちの食べ物というわけだ。昨今は菜食を実践する人もいるが、あのころの僕たちはまさにベジタリアンだった。ほんとうに穀物や野菜しか食べられなかったからだ。

それでも食べ物やお金がないことは気にならなかった。僕を悩ませたのは自由がないことだ。自由のない生活は不安で、息が詰まり、身動きもままならなかった。

新しい生活のものめずらしさが薄れてくると、都会のいやなところが目につくようになる。たとえば騒音。物売りの声、車のクラクション、近所のアパートから丸聞こ

祖父の農場で迎えた三歳の誕生日。この三年後、
一家でマサトランに移った。

えの派手なけんか。僕たちの部屋は壁が薄く、エアコンがないので窓をいつも開けていた。だからドアを閉める音、皿を乱暴に置く音、お楽しみのあえぎ声、怒号まで手にとるようにわかるのだ。コオロギとカエルのひそやかな鳴き声しか聞こえない、真っ暗な農場の夜がなつかしかった。近所のおとなたちは週末になると外で酒を飲み、家に帰ると大声でわめいて暴れまわる。酔っぱらった人間を見たことがなかった僕は、大の男が千鳥足で歩き、訳のわからないことをぶつくさ言う様子が怖くてしかたなかった。

都会で暮らせば、さぞかし世界が

広がるにちがいない。そんな期待とは裏腹に、生活の範囲はどんどん狭くなっていった。犯罪の数がものすごく多く、しかも公然と行なわれていたのだ。ドラッグ取引や誘拐の話はしょっちゅう耳にする。母は恐怖に震えて、子どもたちをがんじがらめにした。学校の行き帰りに寄っていいところ、だめなところがきっちり決められ、それを守らないとこっぴどく叱（しか）られた。でも僕は決まりを破ってばかりだった。狭いところに閉じこめられるのは性に合わなかったのだ。

檻（おり）に入ったライオンになるぐらいなら自由な犬がいい。

——アラブのことわざ

犬小屋の生活

僕がこれほど息苦しかったのだから、レガリートはもっとつらかったはずだ。それまで群れの仲間といつもいっしょで、自然のなかを自由に駆けまわっていたのだから。僕が学校から帰ってきたときや、母からめずらしく鶏肉のきれっぱしをもらえたときは、尻尾をちぎれんばかりに振っていたが、退屈で不満をためこんでいるのは明らかだった。

やがてレガリートは問題行動を起こすようになった。それは犬が不幸せな証拠だ。四六時中吠えまくり、家具をかじる。外を見たくて窓に飛びあがろうとする。アパートは二階で、大した景色は見えなかった。要するにレガリートは犬小屋から一歩も出られない状態だったのだ。僕自身も犬小屋に閉じこめられている気分だった。

都会は動物には生きづらい場所だった。都会の人たちは犬の扱いもぞんざいだった。農場では、犬は人間の仲間であり、助手として肩を並べて働いていた。でも都会では、群れをつくって通りをうろつき、食べ物をくすねたり、ゴミ箱をあさったりする。犬は迷惑がられ、ものを投げつけて追いはらわれるのだ。田舎の犬はみんな人間の暮らしに溶けこみ、穏やかに生きているというのに、都会の犬が野性をむきだしにしているのは皮肉な話だった。

屋根の上に犬がいるのを見た驚きはいまも忘れない。これも都会のおかしな習慣だった。マサトランでは、屋根が平坦な建物がほとんどだ。労働者が多く住む界隈(かいわい)を歩いていると、屋根をうろうろする犬に頭上から吠えられる。言ってみれば、犬は安あがりな警報システムなのだった。

だが、こうした犬は一生を屋根の上で送る。人間が手を貸さないかぎり、自力でおりることはできないし、ほかの場所に移動することもできない。屋根の上の犬たちは、極小のなわばりのなかをぐるぐると歩きつづけ、周囲をたえず観察して、ちょっとでも変わったことがあれば唸ったり吠えたりする。屋根の上は洗濯物の干し場にもなっているが、犬はたまったエネルギーを発散させたくて、衣服をずたずたに裂き、噛みちぎる。建物の所有者が業を煮やして、犬をひどい目にあわせることも多い。マサトランでは、犬は誰からも尊重されない存在だった。

周囲がそんな感じだったので、犬を室内で飼うわが家は変わり者扱いだった。鶏やオウムはまだしも、犬まで？　週末には海岸に連れていって運動させたり、たまに屋根の上で遊ばせたりすることはあったが、レガリートはほとんどの時間を狭苦しいアパートの玄関で過ごしていた。

僕はまだ子どもだったし、農場で自由に走りまわる犬しか見たことがなかったから、散歩の必要性を理解していなかった（そもそもマサトランでは犬を散歩させる人はいなかった）。舗道は狭く、車は家々の軒先をかすめて通るような道だ。母は僕ひとりで通りを歩くことも許さなかった。こうしてレガリートのいらいらは募り、神経症のようになっていった。

僕たち家族は都会にいるのに、農場のような素朴で自然な生きかたを再現しようとがんばっていたのかもしれない。いちばん熱心だったのは僕で、失敗したのも僕だった。現状を受けいれるのではなく、全力で抵抗した。やたらと吠えたて、窓に飛びついて現実から逃げていたレガリートといっしょだ。地面からはるか高いところに追いやられ、洗濯物で遊ぶしかない屋根の犬にも似ていた。

当時を思いかえすと、レガリートや屋根の上の犬たちと自分の境遇がぴったり重なる。物理的、心理的に檻に閉じこめられ、もう二度とほんとうの自分に戻れないような気がした。犬たちはたまったうっぷんを晴らそうと、せわしなく歩きまわり、跳びはね、吠えまくる。そして僕は僕なりの形で不満を爆発させた。

マサトランに移ってから、父は仕事に出ていることが多く、ほとんど家にいなかった。ある日、母が僕をいい子にさせようと、「これからはおまえが家長なのよ」と諭(さと)した。母はすぐに後悔したはずだ。なぜなら僕はそれを都合よく解釈して、ナポレオンよろしく小さな暴君に変身したからだ。自分はいちばんえらいのだからと、妹のノラをいじめたり、からかったりした。ノラはいい迷惑だったはずだ。両親もどうにかしてお灸(きゅう)を据えなければと頭を抱えていた。

退屈や欲求不満——つまり自由の欠如だ——のせいで困った行動が止まらない犬には、たまったエネルギーを健全で前向きな方向に発散させてやるといい。飼い主が自転車やローラーブレードで走り、犬を並走させる。水泳をさせる。山岳地帯をハイキングする。ルアーコーシングやアジリティといった競技に参加させる。どれも制限のある枠組みのなかで、犬たちが自由を満喫できる方法だ。

都会暮らしに息が詰まっている僕に、両親が考えた対策も同じだった。それは空手を習わせること――アジリティ・トレーニングの人間版だ。七歳から通いはじめた放課後の空手教室は、ありあまるエネルギーを発散させるのにうってつけの場所だった。それだけではない。空手を通じて僕の精神に規律と構造が芽ばえ、学校に通う、宿題をする、レガリートの世話をする、家の手伝いをするといった責任を果たせるようになったのだ。もし父さんと母さんがあのとき軌道修正をしてくれなかったら、僕は性格も仕事も破綻した人間になっていただろう。

いまの僕には、家庭で飼う犬がどうすれば自由を味わえるかちゃんとわかる。だからこそ、レガリートといたときに知っていればと悔やまれる。それは、元気いっぱいの男の子を親がきっちりしつけるのと本質は同じなのだ。

私たちが犬に惹かれるのは、人間も分別くさいのをやめたら、あんなにあけっぴろげになれると思うからだ。

――ジョージ・バード・エバンズ（ドッグブリーダー）

自分だけの自由を見つける

あなたにとって「自由」とは？　友人で女優のジェイダ・ピンケット＝スミスの答えは、携帯電話も仕事も忘れ、パパラッチからも解放されて、愛犬たちと山で過ごすことだそうだ。僕の婚約者のヤイーラは、自宅を離れて遠く旅する僕が、健康で安全だと確認することだという。これは心配から自由になるという意味だろう。長男のアンドレは、ビーチに寝そべって音楽を聴いているとき。末っ子のカルビンにとっては、絵を描いたり、コミックを制作したり、物語を書いたりと、創造活動をする時間と場所があることだ。このように、自由とは何かと問いかけると、人それぞれの答えが返ってくる。

でも犬はちがう。DNAに深く刻みこまれているから、自由が何であるか学ぶ必要はない。犬の行動は、すべて自由への欲求から生まれるものだ。それを可能なかぎり与えてやるのが、僕たち人間の務め。人間だって自由への欲求から行動を起こしているのだが、そのことに気づくまで少々時間がかかることもある。

さまざまな飼い主と犬に接してきた経験から、わかってきたことがある。多くの人が訴える生きづらさの原因は、物理的な制約とか、時間の不足、法律の制約とかにあるのではない。精神的・心理的な壁が、人間の本能を遮断し、魂を閉じこめているせいだ。

うちの犬はほかの犬となじめない、どんなトレーニングをしても効果がない……飼い主からはそんな嘆きが聞かれる。でもそれは、飼い主自身が怖がっていたり、自信がなかったりして、勝手に犬に制限と制約を押しつけているに過ぎない。あらゆる制限は、自分たちの心のなかから生まれている。それを犬に無理やり当てはめるのは、犬の自由を損ねるだけでなく、自身の自由まで奪っているのと同じだ。

自由に関しては、犬は人間が知らないことを知っている。それは、自由は内側から生まれるものだということ。自由は場所やものではなく、「ありかた」なのだ。

犬にとっての自由とは

- **五感をフル回転させて周囲を探索し、正しく見きわめること。**
- **群れのなかの自分の位置を受けいれること。そして一貫性のあるルール・境界・制**

限を守るからこそ自由でいられるし、自分らしくいられるのだと理解すること。
・いまの瞬間を生きられること。過去を悔やんだり、未来を案じたりしない。
・自分の外見（音や匂いも含めて）がどう思われるかを気にせず、恥ずかしいという感覚なしに、自分を表現できること。
・群れの誘導、追跡、獲物の回収、探索といった犬種固有の能力を発揮すること。

犬の百科事典

小学四、五年生にもなると、僕は学校で完全に浮いた存在になっていた。人気のある子たちは僕に目もくれない。昼食をいっしょに食べてくれる子がひとりいたけど、その子ももっと楽しい仲間に呼ばれるとすぐそっちに行った。

でもレガリートといれば、そんな悩みは消しとんだ。学校から急いで帰宅すると、レガリートが出迎えてくれる。その興奮ぶりときたら、世界的な映画スターが訪問してきたみたいだ。レガリートは、もっと楽しい子が来るかもしれないなんて思わない。いっしょにいたいのは僕だけで、僕のことしか待っていなかった。かくれんぼ

空手を習ったおかげで、
大都会マサトランで生きていく自信がもてた。

だったり、海岸を何キロも走ったり、ときにはじっと物思いにふけったり……僕がやりたいことが、すなわちレガリートのやりたいこと。利害の衝突もなければ、交渉する必要もない。僕たちは完全に波長が一致する最高の仲間だった。レガリートを僕以上に理解できる者はいないし、レガリート以上に僕を理解できる者もいなかった。

　昔から動物が大好きだった僕だけど、犬への興味ががぜん増してきた。四本足で、鉤爪（かぎづめ）と肉球があって、尻尾を振る生き物。人間とまるでちがうのに、人間以上に心が通いあう動物がほかにいるだろうか。犬は、僕があこがれる性質をすべて備えていた——内に秘めた強さ、適応力、遊びごころ、意志力、共感力、忍耐力、そして賢さ。家族のことは大好きだし、愛されているとわかっていたけれど、犬への気持ちはまったく別。自分のありったけで、犬のすべてを受けとめていた。

僕が一〇歳のとき、母が『犬の百科事典』を買ってくれた。通信販売で取りよせたのだ。その本を開いた瞬間、僕の人生は変わった。驚きに満ちた新世界が、とつぜん目の前に現われたのだ。それまで僕が見たことのある犬は、どれも似たり寄ったりだった——毛の色は灰色とも茶色ともつかない、コヨーテに似た体型のみすぼらしい農場犬だ。でも百科事典には、大きさも色も異なる犬種が何百も載っていて、見たことのないめずらしい宝石が並んでいるようだった。アイリッシュ・ウルフハウンドは巨大で、こんな大きな犬が実在するなんて信じられなかったし、シャー・ペイはしわだらけの顔がおかしかった。雪山に立つセント・バーナードの雄姿にも目が釘づけになった。

犬はどんな歴史をたどって、いまのようになったのか。それぞれの犬種はいつ、どこで、どんな目的でつくられたのか。僕はこの本に出てくる犬種を実際に見て、飼いたいと思うようになった。レガリートがそうだったように、すべての犬と親友になりたかったのだ。

犬は天国への架け橋だ。犬は邪悪も嫉妬も不満も知らない。晴れた午後、丘の斜面に犬と座っていると、エデンの園に戻ったようだ――何もしなくても退屈とは無縁で、平安そのものだ。

――ミラン・クンデラ（チェコスロバキア出身のノーベル賞作家）

純血種との出会い

ある日、学校からの帰り道に純血種の犬を初めて見かけた。それは美しく手入れされたアイリッシュ・セッターで、赤みがかった長い毛と耳を風になびかせながら、跳ねるように歩いていた。なぜアイリッシュ・セッターとわかったかというと、百科事典を読みこんでいたからだ。あのころの僕にはなくてはならない本だった。

アイリッシュ・セッターの飼い主は、高級住宅地に住むカルロス・グスマン医師だとわかった。グスマン先生はアイリッシュ・セッターを何頭も育てていて、賞をとったこともあった。マサトランで、犬を散歩させる人に会ったのはグスマン先生が最初だ。毎日午後三時が散歩の時間だった。先生が金持ちになったのは、上流階級向けの違法中絶を引きうけていたからだ。僕は犬を散歩させる先生のあとを、こっそりついていくようになった。熱心なカトリックの母はいい顔をしなかったが、僕の関心は犬にしか向いていなかった。

先生が犬を散歩させる時間は、学校が終わる時間とだいたい同じ。いつもなら先生が通りすぎるのを待って、遠くからついていくだけだったけど、その日はちがった。僕は勇気を出して、先生のあとを追いかけたのだ。風の強い急斜面の丘を下ったところでようやく追いついた。僕は息を切らしながら、アイリッシュ・セッターについて思いつくことを一気にまくしたて、質問を浴びせた。

グスマン先生は最初びっくりしていたが、気をとりなおして笑顔になった。おもしろがってもらえたのだ――犬のことにこれほど夢中になるなんて、貧しい家の子にはめずらしいと思ったのかもしれない。「子犬が生まれたら、一匹もらえませんか」そうお願いすると、先生は目を輝かせて承知してくれた（子犬が生まれることは確信していた。なぜなら、当時は飼い犬に不妊手術をする人は皆無だったからだ。とくにメキシコでは、「男らしさ」をなくすことは絶対的なタブーで、犬も例外ではなかった。これは危険な傾向なので、いま僕は不妊手術について啓蒙活動を続けている。ちなみに現在、捨て犬や野良犬は米国だけで六〇〇万頭以上になる）。

グスマン先生がくれたのは雌の子犬だった。僕はサルーキと名づけた。サルーキというのは、古代エジプトで誕生したサイトハウンド（視覚に優れた狩猟犬）で、記録に残る世界最古の犬種のひとつだ。子犬は外見が少しだけサルーキに似ていたので、犬の長い歴史を称えるためにこの名前を拝借した。

あとでわかったのだが、サルーキはそのとき生まれたなかでいちばん「不細工」な子犬だった。品評会好きのグスマン先生は、賞がとれそうにない子を僕によこしたのだ。たしかにサルーキは骨太の女の子で、アイリッシュ・セッターの優美で女性的な魅力に欠けていた。もちろん僕にはちがいはわからなかったし、わかっても気にしなかっただろう。僕にとってはサルーキこそが世界一美しい、完璧なアイリッシュ・セッターで、彼女を手に入れたことが誇らしかった。

新しい子犬を見た母は驚いていたが、いつものように僕の情熱を認めてくれた。父はもともと動物が大好きだからまったく問題なし。レガリートも、僕が学校に行っているあいだに遊ぶ相手ができてうれしそうだった。

初めての純血種であるサルーキを育てることは喜びだったが、大きな責任も感じた。レガリートのときのような失敗は繰りかえさないぞ。僕は心にそう決めて、犬が都会で幸せに暮らすにはどうすればいいか知恵を絞った。そのなかで僕は、自由の感覚がいかに大切かを学ぶことになる。

サルーキは少し大きくなったところで、レガリートとの散歩にも連れていくようになった。グスマン先生はリードにつないでいたけれど、それでは自由がないみたいで僕は好きではなかった。当時のメキシコではリードにつながなくても罰されることはなかったので、サルーキはつながないまま僕の横を歩かせた。自由への欲求を満たし、運動不足を解消してやることは、犬にとってとても大事なことだ。外に出ていろんなものの匂いを嗅ぎ、群れのなかで歩きたい本能を存分に発揮させてやらなくてはいけない。サルーキは僕の教えをすぐに覚えて、僕の右側かすぐうしろにぴったりついて歩くようになった。メキシコでは、人間について歩く犬なんて誰も見たことがなかったから、近所の人たちは手品だと思っていた。


私にとって「ドッグ・デイズ」は、はちゃめちゃにごきげんでブっとんだ自由を感じながら、目を閉じたままものすごい勢いで走っていくことよ。

——フローレンス・ウェルチ（フローレンス・アンド・ザ・マシンのボーカル）が「ドッグ・デイズ・アー・オーバー」について語った言葉

海辺の家

父はフリーランスのフォトグラファー兼カメラマンとして、夜も昼もなく働きどおしだった。でもそのおかげで、僕が一二歳のときマサトランに小さな家を買うことができた。砂浜からたった二ブロックのところで、犬たちを飼う前庭もあり、部屋数も多かった。そのころは家族が増えていて、僕と妹ノラ、下の妹モニカに加えて、弟のエリックが生まれたばかりだった。

新しい家に越したことで、僕のなかでついに犬の世界への扉が全開になった。波の音と海の匂いは原始と自然を呼びおこしてくれる。それは未来の匂い、自由の匂いだった。

二匹の犬たちももちろんいっしょだった。レガリートは年をとっていたけれど、犬が満たされた毎日を送る方法を僕が学んだし、何より僕やサルーキと毎日散歩に出られるので幸せそうだった。狭苦しい二階のアパートから出られた二匹は、たちまち元気いっぱいになった。

僕は年齢が上がるにつれて、ひとりで町を出歩くようになった。いつでも二匹の犬を連れていたので、それをきっかけに話しかけられることが増え、〝犬好きの変わった〟少年として知られるようになった。でもそれは僕にとって幸運だった。子犬をも

両親と。二人はいつも僕の最大の応援団であり、ファンでいてくれる。
労を惜しまず働くこと、思いやりの心を持つことを両親が教えてくれた。

らってくれないかと持ちかけられることが増えたのだ。もちろん僕は断らなかった。犬を売りますという広告が出ないか新聞を探すこともあった。息子が犬に熱中するのを両親は喜び、温かく見守ってくれた。

こうしてアラスカン・マラミュートのミックスであるキッツィ、サモエドのオゾ、ハスキーのオジーが新しく仲間になった。散歩のときもリードはつけず、群れ（パック）として全員で行動する。やがて、犬はリラックスして仲間と打ちとけているときほど、持ち前の性格がよく現われることに気づいた。農場にいた犬たちがそうだったように。それは、犬の行動について僕が初めて実地に学んだ教えだった。犬にとって自由は生まれながらの権利。飼い主がほんの少しでも自由を感じさせてやったら、犬たちは何倍もの従順、忠実、愛情を返してくれる。しつけが行きとどいた美しい犬たちの群れを率いて、マサトランの通りを歩いたり、砂浜をランニングしたりすることは、僕自身にとっても自由を感じられる時間になっていた。

何度も言うようだが、新しい犬が増えるたびに家族は喜んで受けいれてくれた。母は「豆のスープは水を増やせば何人でも食べられる」と言っていたし、父は閉店まぎわの近所のタコス屋を回って、残り物をもらってきてくれた。

愛と自由と

僕の大切なレガリートは一二年の生涯をまっとうして、海辺の家で静かに息を引きとった。暑くてほこりっぽいアパートに閉じこめられ、人間の残り物だけで生きてきた犬にしては、悪くない一生だったと思う（ドッグフードを食べさせるなんて先進国だけの話だ）。

それでも、レガリートのことを思いだすといまでも胸が痛い。犬の困った行動の多くは、一日中狭いところに押しこめられていることが原因だ。そのことに気づいてからは、自分の犬たちはそんな目にあわせまいと全力を尽くした。ただ最初の犬だったレガリートには、悪いことをしてしまった。僕自身もまだ幼くて知識がなかった。もし時計の針を戻せるなら、レガリートを海辺に連れていって思うぞんぶん走らせてやりたい。あるいは祖父の農場に戻してもよかった。そうすれば祖父のパックに混じって、犬らしい生活を送れたはずだ。

できるだけ多くの犬を救うことが、レガリートへの罪ほろぼしだ。自然の少ない人工的な環境でも、犬たちには可能なかぎりのびのび生きてほしい。犬としての「自由」を満喫させ、動物本来の性質を充分に発揮できるよう力を貸すのが僕の務めだ。

人間でも動物でも、相手にとって重要なことを達成できるように支え、助けてあげること。それがほんとうの愛だろう。自分のことより、相手の望みを満たしてやることが先なのだ。犬の愛情表現がまさにそうで、人間が何を必要としているかをたえず敏感に察知して、友情と愛情、それに従順さへの要求に応えようとする。

でも僕たちは「うちの犬が大好き」と言いながらも、自分の快楽や都合優先で犬に接している。犬にも動物としての欲求や必要があること、つまり運動と規律と愛情が欠かせない事実を無視しているのだ。たいていの人は、愛情だけは注ぎまくる。僕のクライアントもそう。それがいちばん楽だし、自分がそうしたいからだ。でもほんとうの意味で犬を愛するには、自分の欲求より、まず犬の欲求を満たしてやることを学ばなくてはならない。

これまでたくさんの犬で成果をあげてきた成功の方程式を、人間との関係に応用したらどうなるだろう？　自分本位の欲求を脇にどけて、配偶者や友人、パートナー、子ども、親、従業員、上司が幸せになるために何が必要かを考える。他人や状況を思いどおりにしようとするのではなく、ただじっと観察し、耳を傾けて、そこに隠された真実をあぶりだす。生活にほんの少しの平安と自由を足すだけで、誰もが救われることになるのでは？

スティングは「人を愛するのなら、その人を自由にすること」と歌う。でもそれが簡単でないことは、子を持つ親ならみんな知っている。二人の息子、アンドレとカルビンによけいな手出しをせず、〝失敗する自由〟を与えることは、僕にとって最大の挑戦だ。学業を後押ししたり、キャリアを切りひらく手伝いをしたり、助言を与えたりするのは、彼らが必要としているから？　いや、それは僕自身のためでしかない。自分が良い父親だと思いたいだけなのだ。認めたくはないけれど、彼らが求めているのは僕の手を離れ、自分の力で荒波を乗りきること。だめなら沈むのもしかたがないのだ。

前妻との離婚でもめていた時期、長男のアンドレはまだハイスクールの生徒だったのに、家を出てひとり暮らしをすると言いだした。自分で部屋を借り、自活しながら学校に通うというのだ。

僕は大反対だったが、アンドレの決意は固い。息子との微妙な関係を悪化させたくなくて、僕はそれ以上の説得をあきらめた。アンドレの計画は案の定行きづまり、最終試験に失敗してハイスクールは卒業できずに終わった。現実の厳しさを知った彼は一念発起して、高卒認定試験に合格する。ただ、クラスメートとおそろいの式服と帽子姿で卒業式に臨み、人生の新しい門出をみんなに祝福される経験はついにできなかった。そのことはアンドレ自身いまだに後悔している。それでも、あのときもし強硬に反対して、アンドレに失敗する自由を与えなかったら……僕たちはいまだに口もきかない関係だったろう。

次男のカルビンは僕にそっくりだ。好奇心が強く、破壊的・反抗的で、権威が大嫌い。

そんなカルビンは、一六歳のとき子ども向け番組〈マット・アンド・スタッフ〉に出演することになった。着ぐるみの犬が登場する学校ものだが、このときカルビンは演技の勉強を始めてまだ三カ月だった。台本を渡されたカルビンは、収録前にせりふは全部頭に入れて、練習しておくよう指示された。

ところがカルビンは、たった三カ月のレッスンで一人前になった気になり、面倒な暗記なんかしなくても本番でばっちりやれると高をくくっていた。台本の読みあわせをしておこうと僕が何度言っても、「ちゃんとわかってる、カメラの前に立てばせりふは出てくるよ」とどこ吹く風だった。僕はここでもいろいろ言いたいのをぐっとこらえた。実際に失敗して学ばせるしかない。最悪の場合、番組が流れてしまう恐れもあるのだが、そのことも言わないでおいた。

いよいよ撮影初日、カルビンは準備不足で目も当てられなかった。何度もせりふをとちり、ときにはまったく出てこなくなる。そんなことが数週間続き、ついにディレクターは堪忍袋の緒が切れて、プロの子役に交代させたいとプロデューサーたちに言った。

カルビンはこの一撃で目を覚ました。後がないと知った彼は、猛然とせりふを暗記して、最高の演技を見せられるよう準備に励んだ。その結果——〈マット・アンド・スタッフ〉は、デイタイム・エミー賞の未就学児向け最優秀番組など二部門にノミネートされたのだ。準備も稽古もしないで撮影に臨むとどうなるか、僕が口を酸っぱくして説いてもカルビンは知らんぷりだった。ティーンエイジャーのDNAには、親の言うことを聞くなという指示が刷りこまれているのだろう。カルビンは痛い目にあってようやく教訓を学んだのだ。僕が先走って怒りや不満を爆発させていたら、うまくいかなかっただろう。

僕自身はどうかというと、僕なりの「自由」の定義は人生を通じて変化してきた。いままでは、犬にとっての自由がそのまま自分に当てはまると思っている。尊重のレベルが上がれば、信頼度も上昇し、忠誠心が強くなるという図式だ。

バランスの取れた人生には、自由の感覚が不可欠だ。僕は犬たちからそれを教わった。広い野原で愛犬のリードをはずし、自由に駆けまわらせてみると、その犬本来の好ましい性質が現われるのがわかる。そうしたら、今度は目を閉じて想像してみよう――すべての制約や恐怖心から解放された、「リードにつながれていない」自分の人生を。

犬に学ぶレッスン　その2

どうすれば自由を経験できるか

・直感に従い、情熱を追いかける。情熱が生みだすエネルギーは、やりたいことを実現するための燃料になる。人生で直面する課題は、直感を頼りに乗りきっていく。

・どんなときに悲しさや当惑、挫折(ざせつ)感や不安感を覚えるのか観察する。制限を生みだすこれらの感情にしょっちゅう襲われるとしたら、それは人生を変えろという合図かもしれない。感情を無理に抑えこみ、注意を向けないでいると病気になることもある。

・ほんとうの自分を正直に認める。幻想に過ぎない自己イメージは、自分も周囲も失望させる。

・コントロールできない状況は、抵抗しないで受けいれる。

Lesson

3

自信

たとえ少しの正義しかなくても、自信を持って行動するのが最善だ。
——リリアン・ヘルマン（米国の劇作家）

デイジーは漆黒の毛色をしたコッカー・スパニエルだった。その濡れたような黒い瞳が、ちょっと疑わしげに僕の目をのぞきこんだのは一九九一年晩冬のある日の午後。デイジーの毛は薄汚れ、伸びほうだいで、もつれた毛が目にかかっている。爪も伸びっぱなしで肉に食いこんでいた。

僕が抱っこすると、デイジーは身体を小刻みに震わせた。チュラビスタ・グルーミングの共同経営者で、僕を雇ったばかりのミス・ナンシーとミス・マーサは不安そうに顔を見あわせる。デイジーが攻撃するのではないかと思ったのだ。二人が話している声が聞こえるが、僕にはちんぷんかんぷんだった。そのとき知っている英語は、「何か仕事はありますか？」だけだったのだ。

それでもかまわなかった。だってこの部屋には、僕が完璧に理解できる存在がいたから。それはデイジーだ。もし彼女がスペイン語を話せたとしても、これほど気持ちが通じあったかどうか。デイジーは言葉を介さずに、僕が知っておいたほうがいいことをすべて伝えてくれていた。

周囲の雑音が消え、世界はデイジーと僕のふたりだけになった。つい数週間前、国境を越えて米国に入ったばかりの僕はようやく心が穏やかになり、自信があふれてきた。僕はデイジーを見つめ、両手で身体をなでてやった。デイジーも僕の目を見ている。いつしか震えは止まっていた。

グルーミングテーブルにデイジーをのせたら、仕事の始まりだ。

犬だって話をする。ただし、それがわかるのは聞きかたを心得ている者だけだ。

——オルハン・パムク（トルコ出身のノーベル賞作家）

川を渡って米国へ

僕がリオグランデ川を渡って米国に入り、新しい人生を始めたことは以前にも書いた。めざしたのはカリフォルニア州サンディエゴだったが、着いたのは一六キロ離れたチュラビスタという町だった。記者やインタビュアーたちは、僕のことを「無一文から成功した移民」というありがちな物語に仕立てあげるけれど、そんなことは話の一部でしかない。あのときの僕が抱えていた恐怖と不安は、誰も言葉にしていない。

十代になった僕はますます犬に夢中になり、おぼろげながら将来像も描きつつあった。〈名犬ラッシー〉〈名犬リンチンチン〉〈ちびっこギャング〉といった米国の人気テレビドラマを見ては、犬たちの「名優」ぶりに感心していたのもそのころだ。こんな風に、カメラの前で犬に演技させる仕事をしたい。心のなかでそう思っていたが、犬を邪険に扱うメキシコではまず無理だ。とにかく米国に行って、ハリウッドのドッグトレーナーになろう——何の当てもないのに僕は決心した。

こうして僕は二一歳のとき、米国との国境に近いリオグランデ川を渡った。にごった水は胸の高さまであり、氷のように冷たい。つい二週間前にクリスマスを祝ったばかりなのに、マサトランの両親ときょうだい、クリアカンの祖父母と別れた僕は、ずぶ濡れになり、寒さに震え、腹をすかせていた。そばには新生活への案内人として雇った〝コヨーテ〟がいる（違法越境を手引きする人間を、メキシコではコヨーテと呼んでいる）。とにかく向こう岸までたどりつくんだ。世界一のドッグトレーナーになるという夢を実現するには、米国に行くしかない。

真夜中を過ぎて、あたりが完全な暗闇になったころ、ふと疑念が浮かんだ。案内人はコヨーテの名にふさわしく、やせて獣のような鋭い目つきをしている。有り金はとっくに奪われた——クリスマスイブに父がくれた数百ドルだ。コヨーテは僕を殺すつもりだろう。だがどうしようもない。コヨーテが小声で出した指示に、僕はすばやく反応した。「走れ！」

そこは狭くて真っ暗な抜け穴だった。きっとここで殺されるんだ。いま信じられるのは、コヨーテと神と自分だけ。やってみるしかなかった。

もちろんコヨーテは僕を殺さず、無事に越境させてくれた。めでたく米国の土を踏んだものの、期待したような高揚感はなく、厳しい現実が押しよせてきた。無一文で、言葉もわからない。食べ物も、住むところもない。いったい何から始めればいいのか……。

マサトランで過ごした思春期は厳しいものだった。優等生にはほど遠かった僕だが、空手の腕前と犬のことだけは自信があった。ただメキシコでは、一日中犬といっしょにいる者は変人扱いされる。クラスメートは僕を「エル・ペレーロ（犬ころ野郎）」とバカにしていじめ、仲間はずれにした。そんな学校生活に耐えられたのは、いつも無条件の愛と友情を与えてくれる犬たちが僕の帰りを待っていたからだ。

学校にはなじめないままだったけれど、心の底から湧きだす情熱のおかげで僕は前進することができた。おまえには特別な才能がある、あきらめてはだめだという声が自分のなかで聞こえるのだ。マサトランの高校を卒業後は、直感を信じて道を切りひらくことにした。町に数人しかいない獣医師のところで、グルーミングや助手の仕事を見つけたのもそんな努力のひとつだ。

そしてとうとう米国にやってきた。でも、右も左もわからない異国で垢まみれで腹をすかせていると、どんな自信も萎えてしまいそうだった。

科学の窓から

人は犬を飼うだけで自信が芽ばえる？

『パーソナリティ・社会心理学ジャーナル』誌に掲載された論文「恩恵をもたらす友

人――ペット飼育の好影響について」を読んでみよう。長期的な研究を行なった筆頭著者のアレン・R・マコーネルは、ペット飼育者はそうでない人とくらべて自尊心が高く、健康状態が良好で、孤独感が小さく、良心的で外向的、恐怖心が少なく、ものごとに熱中できると結論づけている。[2] ペットを犬に限定した別の実験では、飼い主の幸福感はとりわけ高いことがわかった。愛犬の存在は、飼い主の自尊心と所属感を高め、自分の存在が有意義だと感じさせてくれるのだ。

群れの下っ端として

米国でやっていくのは簡単じゃない。それでも僕は新しい冒険に胸をわくわくさせていた。見るもの聞くものがすべて新鮮で、学ぶこと、試してみたいことがいくらでもあった。

とにもかくにも、食べる手段を見つけなくてはならない。チュラビスタの通りに並ぶ商店にかたっぱしから入って、「何か仕事はありますか?」とたずねる。店の前の舗道を掃いたり、倉庫やガレージの掃除をすれば数ドルもらえた。汗を流して働けば、自信はつかないまでもいくらか自分を肯定できた。

グルーミングサロンで働きはじめたころ。同じころ、
個人で飼い犬のトレーニングも引きうけるようになった。

米国で仕事をするなら、米国人がやりたがらないことを選ぶのが近道だ。具体的には、洗車、窓磨き、床掃除、駐車場や舗道の水まきといった雑用だった。最初の三カ月は、高速道路の高架下に見つけたホームレスのたまり場で寝泊まりした。セブンイレブンで買う二五セントのホットドッグは何よりの楽しみだった。

それでもチュラビスタで数週間過ごすうちに、持ち前の楽観主義もさすがにしぼんできた。いまならわかる。僕は恐怖と戦っていたのだ。異国でどうやって人生を切りひらくのか、まだ手がかりさえない。僕はきっかけを見つけたくて、毎日通り

セレブの顧客ファイル

ウェイン・ブレイディ

俳優、歌手、コメディアンであり、テレビ番組のホストを務めるウェイン・ブレイディ。華やかな経歴とは裏腹に、実際は内向的な性格だと告白する。「自分が社交的な人間だと思ったことはないよ。仕事だからそんな風に見せてるだけで……仕事の顔と素顔をごっちゃにしないでほしいんだ」

ウェインは子どものころから引っ込み思案で、人づきあいの場面とか、新しい人と知りあうのが苦手だった。「社交好きな性格ならともかく、自分はひとりで静かに過ごすほうが気楽なんだ。子ども時代のいじめ体験も関係あるのかな。そのうち自分の足で立ちあがって、声をあげるようになったけど、人とまじわらない性分がすっかり身に染みついていた。だって相手に何か言ったら、傷つくような言葉が返ってきたり、不愉快な態度をとられるかもしれないだろう?」

そんなウェインを変えてくれたのが、ロットワイラーのチャーリーだった。「チャーリーは部屋に入ってくると、いちばん幸せと笑いの少ない人に近づいて、前脚を差しだして握手を求めるんだ。愛されたい気持ちを少しも隠さないし、自分を出すことも恐れない……僕は大切なことを学んだ。誰かに近づいて声をかけ、笑顔で自己紹介したってちっとも損はない。それがチャーリーの教えだった。自然にやれるようにずいぶん練習したよ。チャーリーに刺激を受けて、僕も心を開けるようになったんだ」

をうろついた。社会のはぐれ者を見るように、露骨に顔をしかめる人もいた。自分が群れ（パック）の下っ端に過ぎないことを思いしらされる。僕はここで何をしているんだろう？米国という未知の世界で、いったい何ができるというのか？　そんな考えが頭のなかをぐるぐる回っていた。

米国人は何でも知っているし、世界でいちばん優秀だ——メキシコ人はそう思いこんでいる。米国が世界を救う映画ばかり見ているのだから、ある意味当然だ（メキシコが世界を救うなんて映画はあるのだろうか？）。反対に米国人のなかには、メキシコからの移民を一段低く見る者もいる。あのころの僕は、自分のことをそれ以下の存在だと感じていた。

従業員募集

白い外観の小さな店は、「グルーミング」という看板を出していた。言葉の意味はわからなかったけれど、犬とブラシとドライヤーの絵から、何をしているところか理解できた。そのウインドウに従業員募集の貼り紙を見つけたことで、人生の展望が開けた。マサトランでは、獣医師の診療所で二年間グルーミングをしていた。この店でなら、自分の技術が活かせるはずだ。

問題はどうやって雇ってもらうかだった。自分は住所のないホームレスだ。身分証明書もなければ、社会保障番号も持っていない。それどころか英語もしゃべれない。店に入ると、受付カウンターの向こうに六〇歳ぐらいの女性が二人いた。白髪でノーメーク、ゆったりした服装もさっぱりと控えめだ。名前はマーサとナンシー。あとで知ったことだが、ここはチュラビスタで二〇年以上続くグルーミングサロンで、二人は町の顔のような存在だった。

僕は知っている唯一の英語でたずねた——「仕事はありますか?」応募用紙に記入するよう言われたが、どうがんばっても半分も埋まらなかった。二人はその紙と僕を交互に眺める。それまでの店主ならほうきやモップを渡してくるところだが、ミス・ナンシーが見せてくれたのは一枚の写真だった。完璧なグルーミングのコッカー・スパニエルだ。こんな風に仕上げろということか。僕はうなずいた。ミス・ナンシーが目で合図を送り、ミス・マーサが奥の部屋に案内してくれた。

部屋にはグルーミングに必要なものがそろっていた。ドライヤー、たらい、金属のテーブル……そして身体をすくませ、威嚇するように低く唸っている黒いコッカー・スパニエル。それがデイジーだった。

自信を取りもどす

ふらりと店に入ってきた、やせこけた二一歳のメキシコ人移民の僕を、あの二人はどうして雇う気になったのだろう。デイジーについても僕は何ひとつ知らなかった。これまで何人もトリマーを威嚇し、歴代の飼い主たちを泣かせてきた厄介な犬だとわかったのは、ずいぶんたってからだ。

だけど、あの瞬間のことはよく覚えている。

僕の両手に抱かれたとたん、デイジーの震えが止まったのだ。ミス・ナンシーとミス・マーサはびっくりしていた。二人はデイジーに対して、まるで猛獣に近づくみたいにこわごわ接していた。でも僕はすぐに悟った。デイジーは攻撃的な犬じゃない。不安なだけだ。

犬の持つエネルギーと独特のボディランゲージは、僕にとって言葉と同じくらい明快なものだ。僕はさっそくデイジーと腹を割った話を始めた。彼女は身体の動きで、お尻とお腹は知らない人にさわられたくないと教えてくれた。了解した僕は、デイジーのあごをそっと持ちあげて、背筋がまっすぐ伸びるようにしてやった——自尊心が満たされる姿勢だ。彼女の信頼を勝ちとり、すべてをまかせてもらえなければグルーミングはできない。するとデイジーも即座に反応してくれた。まるで「やっと私の話を聞いてもらえたわ。ありがとう!」と言っているようだ。僕はさっそくカットに取りかかった。

デイジーの不安がほどけるのを見るうちに、僕自身の不安まで解消されていった。メキシコを出てから初めて、自信が湧いてくるのを感じた。自分はこれで勝負できる——ミス・ナンシーとミス・マーサの表情から、米国人はこういう技術を求めているのだと確信できた。

きれいに仕上がったデイジーを見て、ミス・ナンシーとミス・マーサは驚きながらも、満足げだった。二人はレジから六〇ドルを出して渡してくれた。これは多すぎる。僕は首を横に振って押しかえそうとした。二人は壁の料金表を指さして、グルーミングは一二〇ドルだから、その半分をあげるのだと説明してくれた。おまけにカレンダーの日付を示されて、翌日また来るように言われた。それまで米国では、一度仕事をもらってもそれきりだったのに。

チュラビスタ・グルーミングに新しく入ったシーザーという男の子は、どんなに難しい犬でも扱えるらしい——一週間もしないうちに、常連客のあいだで噂が広まった。愛犬をグルーミングしてもらうと、ストレスで消耗するどころか幸せいっぱいになるのだ。きれいに手入れされた、安らかな表情の愛犬が奥から出てくると、飼い主は笑顔になり、僕に感謝した。うさんくさそうな目で見る人はもういない。みんなのうれしそうな笑顔を見るたびに、僕の自信も復活していった。

この店にいるあいだ、経営者の二人とは片言のスペイン語と身ぶり手ぶりでやりとりした。「洗う」「ドライヤー」「はさみ」といったやさしい英語も覚えた。僕が店で寝泊まりできるように、二人は鍵も預けてくれた。グルーミング料金のきっかり半額が取り分としてもらえたので、お金をためることもできた。おかげで、プロのドッグトレーナーになる夢への道筋も見えてきた。

ハリウッドで活躍するドッグトレーナーたちは、みんなロサンゼルスに住んでいる。チュラビスタ・グルーミングで働きはじめて九カ月、僕は居心地のよいこの店を離れる決心をした。

チャンスをくれたミス・ナンシーとミス・マーサは一生の恩人だ。まだろくに英語を話せなかった僕は、店の鍵を二人に返すことでやめる意思を伝えるしかなかった。「ありがとう」だけは知っていて、二人に言えたことがせめてもの救いだ。

犬が自信を持てるのはこんなとき

- **集団や家族内の位置が確認できる。群れ（パック）に受けいれられると安心する。**
- **スキルを身につける。探索する、泳ぐ、ものを取ってくるといった単純なものから、家畜の番やアジリティといった複雑なものまで。**
- **お手本にできて、いっしょに遊んだり探検したりするロールモデルがいる。**
- **生活環境や、パックや、暮らしに安心感が持てる。おびえている犬は、安心感を得られるまで自信が根づかない。**
- **たえず課題を克服し、新しいスキルを学べる（警察犬や軍用犬が自信にあふれているのはそのためだ。彼らはふつうの犬では不可能な難しい課題に挑戦している）。**

安全地帯からあえて出ること

自信がなくて引きこもっている犬をリハビリするときは、不安をほぐしてやりながら少しずつ安全地帯からひっぱりだし、僕自身の自信や、僕のパックにいる犬の自信で支えてやりながら、新しいことに挑戦させる。

どんなに小さなことでも、新しい挑戦をやりとげれば、それが強さと自信になる。子どもを育てたことのある人ならみんな知っていることだが、犬も同じなのである。

信頼もまた、自信を築く礎(いしずえ)になる。だから不安を克服させるには、そばにいる僕たちが強くて一貫したロールモデルになり、信頼を得ることが大切だ。こうして犬が自信をつけると、自分も自信が強まってくるから不思議だ。だから犬との関係に自信がない人はロールモデルになれない。反対に毅然(きぜん)とした態度で犬を導き、案内し、世話をしてやれば、一〇〇倍にも一〇〇〇倍にもなって返ってくる。

犬のアーティスト

犬を飼っていると、自信という贈り物が自分にも戻ってくる。飼い犬に対して強いリーダーであろうとすると、自然と自信がみなぎってくるのだ。次ページの《セレブの顧客ファイル》でサインフェルド夫妻を紹介したが、僕のクライアントには、彼らに勝るとも劣らない成功と名声を手にしているのに、飼い犬にはまったくのお手上げという人がたくさんいる。

セレブの顧客ファイル

ジェリー・サインフェルド

俳優・コメディアンのジェリー・サインフェルドがこうぼやいた。「みんなに愛されている僕なんだけど、つれない子が一匹だけいる」

彼はジョゼとフォクシーというダックスフンドを飼っている。ジェリーに対してよそよそしく、おびえているのはフォクシーのほうだった（おとなの男性全般が苦手なようだ）。「あの子に関しては、ジェリーはあきらめ気味なの」と妻のジェシカは教えてくれた。

ジェリーとジェシカが犬を飼うのは初めてで、飼い主としてのふるまいは手探りだった。それが犬たちの目には弱々しく映ったのだ。犬は、自分に自信のない人間に従ったり、敬意を払ったりしない。だから内気なフォクシーの自尊心を養うと同時に、サインフェルド夫妻にも自信を持ってもらう必要があった。

まずは犬のほうからだ。僕はリードにフォクシーをつないだまま離れて立った。彼女はおずおずと、少しずつ僕のほうに近づいてくる。練習を重ねるうちに、フォクシーはためらいながらも、僕の足元で匂いを嗅ぐまでになった。

次は飼い主。フォクシーががんばったときは、ジェリーがごほうびを与えることにした。ジェリーは恐怖心を克服してフォクシーに近づき、ほめて、愛情を示さなくてはならない。

それと並行して、フォクシーが自尊心を高

められるような散歩のアイデアも伝授した——家族という「群れ（パック）」の先頭を務めさせるのだ。ジェリーたちから与えられる課題を克服するたびに、フォクシーは恐怖心を遠ざけ、自信を深めていく。
ジェリーのほうもフォクシーの進歩と成果を見守りながら、飼い主としての自信をつけていったのだった。

だがそれではいけない。仕事での成功とか物質的な豊かさがよりどころの自信なんて、紙よりうすっぺらいし、あっというまに色あせる。金もうけだって長くは続かない。でも飼い犬に対して平静で毅然としたリーダーでいられるかどうかは、自分の内側にある能力の問題であり、そこでつちかわれた自信は揺るがない。

人や動物には〝敏感スポット〟があって、それが不安感に直結している。デイジーの場合は、身体のなかでトリマーに触れられたくない場所がそれだ。僕の敏感スポットは、自分の力が異国で通用するのかという頼りない気持ちだった。

でも同時に、〝力が湧いてくるスポット〟というのもある。デイジーはあごの下だった。僕の場合は、犬を深く理解し、心を通いあわせることだ——ミス・ナンシーとミス・マーサをはじめ、どんなに犬を愛している人でもなかなかできない。僕がグルーミングを担当した犬たちは、僕には特別な力があり、それは新しい国で必要とされている技能だと教えてくれた。

自信を構築する最善の方法、それは相手の信頼と尊敬を勝ちとることだ。それが自尊心の芽ばえにもつながっていく。犬の力を借りれば、すべての人のなかに眠っている本能的な力を目覚めさせ、引きだすことができるはず――僕はそう信じている。

科学の窓から

犬への読みきかせが子どもに自信を持たせ、識字能力を向上させる

犬は相手のありのままを受けいれ、審判を下したりしない。犬が身近にいると、安心感があり、気持ちが穏やかになって、自信が出てくるのはそのためだ。ある研究で、識字能力が低かったり、学習障害を持つ子どもに音読をさせる実験を行なった。相手はおとなしく音読者に注意を向けている犬だ。すると音読能力全般が向上したという有望な知見が得られた。[3] ただしこの研究はまだ初期段階であり、理由や経緯はさらに掘りさげる必要がある。

犬に学ぶレッスン　その3

自信を構築する方法

- 犬をロールモデルにする。犬はただひたすら犬であろうとする。ほかの動物、ましてや人間になりたいとは思っていない。いまの自分に誇りを持ち、尊重する姿勢を犬から学ぼう。
- 自分にしかない天性の才能を見つけ、育てて、使いこなせるようにする。能力は自信となる。
- 人生で最も難しい課題を、自分を強くするチャンスととらえる。多くの困難を克服すれば、それだけ自信あふれる人になれる。
- つねに学びつづける。新しい分野に取りくみ、未開拓だった能力を見つける。

Lesson

4

偽らないこと

真実の探求者、それが犬だ。自分以外の存在に隠された、偽らざる核心から放たれる見えない匂いを嗅ぎつける。

——ジェフリー・ムセイエフ・マッソン『犬の愛に嘘はない』

僕が犬から学んだいちばん奥が深い教え、それは「偽らないこと」かもしれない。心に感じたことを隠したり、自分の虚像をつくったりしないこと。どんな課題にも素直にぶつかっていくこと。自分の過ちを勇気をもって認め、そこから教訓を学ぶこと。それができれば、僕たちの人生は想像以上に豊かで、実り多きものになるはずだ。

犬たちはそんな世界に生きている。昔からずっとそうだった。なぜなら、犬は嘘(うそ)をつくことができないからだ。

偽らないこと。それは正直さとほとんど同じ意味だが、威力は一〇〇倍も強い。動物にとって、偽らないのは当たり前のこと。生きのこるために敵を惑わす戦略はもちろんある。たとえば母鳥は飛べないふりをして敵の気を引き、ひなのいる巣から遠ざけようとする。だが自分自身にまで嘘をつけるのは人間だけだ。

人間はいつも仮面をつけている。恥を知られないための仮面、自尊心を保つためのよそいきの仮面、自分や他人を傷つけないふりをするための仮面……。仮面には二つの目的がある。ひとつは世間を偽ること、もうひとつは自分を偽ること。自分の本心を〝否定〟してまで偽ることは、人間にしかできない。

偽らないでいると、知りたくないことも含めて、自分についての真実を直視することになる。他者に対して、何より自分の本質に対して誠実になれる。

動物の世界では、偽りのなさには独特のエネルギーと匂いがある。だから犬は相手やものに偽りがあるかどうか、瞬時に感知する。しかし人間は知性の世界に生きていることが災いして、偽りのなさを見ぬくことが難しい。

偽らないこととエネルギー

偽りのなさは、動物や人間から発散されるエネルギーと強く結びついている。人間が犬などの動物とコミュニケーションをとるとき、動物どうしが交流するときの〝エネルギー〟について、僕なりの考えを説明しておこう。

僕の考える〝エネルギー〟は、二つの要素で構成されている――感情と意思だ。この二つに正直であればあるほど、強いエネルギーが放出される。犬があらゆることをスポンジのように吸収できるのは、進化のたまもの。人間のそばで暮らし、たえず変化する状況を了解するには、そうする必要があったのだ。

人間の意思と感情が一致していないと、犬はすぐに気づく。最近もこんなことがあった。三匹のロットワイラーが、夜の散歩中に手に負えなくなると飼い主から相談されたので、様子を観察することにした。すると飼い主は散歩のあいだずっとスマホで話していて、明らかに感情的になっていた。心ここにあらずで、犬たちが通行人に突進しても注意を払っていなかったのだ。

飼い主に話を聞くと、言いあいになりそうな電話はあえて犬の散歩中にしているのだという。大声を出したり、きつい言葉を発したりする姿を家族に見られたくないからだ。彼の意思は、愛犬たちとのんびり散歩をすることではなかった。散歩は、仕事の難しい局面を乗りきるために家族から離れる口実だった。意思を偽っているせいで、散歩中の飼い主のエネルギーは弱まり、ロットワイラーは近所の人を怖がらせていたのである。

エネルギーを形成するのは感情と意思だ。この飼い主は、感情と意思が食いちがっていた。感情は怒りや動揺であり、意思は家族に聞かれないで仕事の話がしたいということだ。それを偽って散歩に出ていたがために、三匹の犬たちは好き勝手やるようになった。

偽らないことの大切さはいろんな犬が教えてくれたけれど、とくに記憶に残っているのはロットワイラーのサイクルとケインだ。この二匹と出会ったのは、自分のやりかたに少しずつ確信が持てるようになり、プロになるための道筋が見えてきたときだった。

もしきみの顔を見た犬が……そばに来てくれなかったら、ただちに家に帰って、やましい心がないか省みるべきだ。

——ウッドロウ・ウィルソン（アメリカ合衆国第二八代大統領）

犬舎の掃除

チュラビスタ・グルーミングの二人の守護天使に別れを告げた僕は、ロサンゼルスに移り、市内のドッグトレーニング会社をかたっぱしから訪ねていった。そしてようやく、オールアメリカン・ドッグトレーニング・アカデミーで雑用係の採用面接を受けられることになった。たった二週間のトレーニングで、一〇〇パーセント従順な、非の打ちどころのない犬に仕上げてみせますという触れこみのところだ。そのかわり料金はとんでもなく高い。片言の英語で、ドッグトレーナーをめざしているとオーナーに伝えたら、一発で採用になった。ただし仕事は犬のトレーニングではなく、犬舎の掃除だった。

来る日も来る日もこすって磨いて、水で流す作業を繰りかえしたおかげで、犬舎はぴかぴかになった。農場育ちの僕には、働く気構えが叩きこまれていた。与えられた仕事は全力で最後までやりとげろ――祖父にそう教わってきたのだ。その姿勢は米国に来ても変わらない。チュラビスタ・グルーミングのミス・マーサとミス・ナンシーが僕をかわいがってくれたのも、手を抜かず、まじめに働いたからだと思う。

アカデミーでは、いっそう仕事に精を出した。働きぶりが認められて、アシスタントトレーナーに昇格する期待ももちろんあったが、プロのトレーナーたちの仕事を学びたいと思ったのだ。

でも実際に観察すると、納得のいかないことだらけだった。アカデミーに連れてこられる犬は、愛情を注がれ、きちんと世話を受けて体調もいい。ただ行動となると話は別だ。おびえたり、欲求不満だったり、集中力がなかったり、歯止めがきかずに攻撃的になる犬がたくさんいた。そんな困った行動を「矯正」するために、飼い主はアカデミーの門を叩くのだ。だけど、こうした行動は問題の根が深い。「お座り」「待て」「来い」「付け」を覚えさせても、解決にはつながらないのだ。レッスン以外の時間、犬たちが犬舎でひとりぼっちで過ごすことも不安を増幅させていた。

アカデミーで働くようになって数週間もすると、いっしょに仕事をするトレーナーとも打ちとけてきた。まじめに犬のことを考えるいい人たちばかりだが、いかんせん時間とお金が足かせだった。二週間で従順な子にしつけるとうたっている以上、成果を出さなくてはならない。犬が耳をうしろに寝かせて縮こまっているときはストレスがたまっている証拠だが、それでもレッスンはさぼれなかった。これが子育てなら、そんな状態でしつけをしても意味がないことはすぐわかる。でも犬のリハビリはそうはいかない。

これだけでも、偽らないことの大切さがよくわかる。「お座り」「待て」「来い」「付け」を覚えさせるトレーニングは、人間の言葉を使った人間のための学習だ。でも犬は人間になりたいなんて野望を抱かない。犬は犬のまま、偽りのない自分で人間と関わっていきたいのだ。

汚れた犬舎から汚れた車へ

少しずつではあるけれど、僕の仕事は範囲が広がっていった。犬舎から犬を出してレッスン場所に連れていくのもそのひとつ。手のつけられない厄介な犬でも、僕ならやすやすと扱うことができた。どんなに力のある犬種でも僕はまったく恐れない。犬もそれをすばやく感じとって、自然に僕に従った。おびえきった犬には、大声をあげたり、力づくで連れていこうとしない。犬舎に入って腰をおろし、犬が落ちついて、僕に興味を持ちはじめるのをじっと待つ。信頼が生まれたら、向こうから僕に近づいてきて、リードをつけさせてくれた。

そんな様子を見ていたトレーナーたちは、手こずる犬の訓練をたまにまかせてくれるようになった。

サイクルという名前の頑強なロットワイラーもその一匹だ。飼い主のロスはオート

僕が最初にトレーニングしたのは、
飼い主が護衛犬として手に入れた二匹のロットワイラーだった。

バイ好きで、サイクルもモーターサイクルから名づけたほどだ。サイクルのめざましい進歩に感心したロスは、僕に新しい仕事をくれた。彼がオーナーを務めるリムジンサービスの洗車係だ。アカデミーより給料がうんと高くなるし、何より「社用車」を一台使わせてもらえるのがありがたかった。広いロサンゼルスを移動するには、車が不可欠だったのだ。サイクルの訓練も引きつづきやってほしいと言われた。ロスはサイクルを自分の護衛犬にしたかったのだ。

ロスが護衛犬を必要としていた理由は、一〇年以上たってやっとわかった。リムジンサービスという聞こえのいい商売を隠れみのにして、麻薬の密売をやっていたのだ。のちに彼は逮捕され、服役して罪をつぐなった。

評判のいいドッグトレーニング・アカデミーでせっかく働いているのに、そこをやめて洗車係になるなんて、まともな判断ではない？　一見するとそうだろう。でも僕は直感に従うことにしたし、それで正解だった。新しい顧客の開拓を考えるまでもなく、ハリウッドで強力なコネを持つセレブやそのスタッフがリムジンをレンタルしにやってきたのだ。ロスは彼らに、犬の扱いが天才的なメキシコ人がいると繰りかえし宣伝してくれた。

そうこうするうちに、泡だらけで洗車している僕にビッグネームの顧客たちからご指名がかかるようになった。犬を訓練してほしいという依頼だ。映画プロデューサーのビン・ディーゼル、俳優のニコラス・ケイジ、映画監督のマイケル・ベイ……僕はどんな依頼も断らなかった。一度に一〇匹前後担当するのは当たり前だった（一三匹になったときはさすがにやばいと思ったが）。お金を稼ぎたかったこともあるが、それ以上に挑戦したかったのだ。そのころは自分の方法を確立するために、試行錯誤を繰りかえしていた。とにかく実践あるのみだった。

科学の窓から

どんな人間も嘘をつく

米カリフォルニア大学バークリー校ハース・スクール・オブ・ビジネスの司法心理学者リアン・テン・ブリンクは、人間は相手が嘘をついているか、真実を述べているか見破れず、その正答率はコイン投げで決めるのと大差ないという研究を発表した。[4]

つまりあざむいたり偽ったりという行為は、人間の文化にしっかり根づいているということだ。法執行や司法の世界では、「どんな人間も嘘をつく」と皮肉を込めてよく言われるし、米スタンフォード大学のJ・T・ハンコックの研究も、その言葉が正しいことを示唆している。[5] 私たちは電子メールの一四パーセント、電話による会話の三七パーセント、対面による会話の二七パーセントで嘘をついているという——大切に思っている人が相手でもこうなのだ！

偽らないこと——サイクルはサイクルのままで！

犬の世界でも、人間の世界でも、偽らないことが大切だ。そのことを最初に教えてくれたのはサイクルだった。

ロットワイラーのサイクルを獰猛な護衛犬に育てることがロスの希望だった。護衛犬のトレーニングは、気力と体力のハードルが高いだけにやる気が刺激される。けれどもサイクルと一週間ほど過ごし、彼の性質がわかってくればくるほど気が進まなくなった。サイクルは知能が高く、概念や命令ののみこみが速いし、こちらの望むことを満たしたいという強い欲求がある。たしかに犬種としては護衛犬にうってつけだけれど、サイクル自身のエネルギーはそういう仕事に向いていなかった。

どんな犬も、リハビリをすればバランスを取りもどすことができる。つまりトレーニングのできない犬はいないのだ。賢くて、人間の要求や必要に柔軟に対応できる犬種であっても、トレーニングの目的がその犬に合っているとはかぎらない。絵を描くのが好きな子どもに算数ばかりやらせたり、本を読むのが好きな子どもをいろんなスポーツに挑戦させたりするのと同じで、人間の都合の良い型に犬をはめこもうとしても成果は出ない。

犬にどんな活動が適しているかは、ＤＮＡと血統で決まる部分が大きい。たとえばグレイハウンド。彼らはいわゆる視覚ハウンドで、ルアーを目で追いながら長距離を走るルアーコーシングが得意だ。でも匂いで獲物を追跡し、狩る仕事を教えこむのは容易ではない。むしろそれは嗅覚ハウンドであるビーグルの役目だろう。もちろんグレイハウンドに追跡を覚えさせることも不可能ではない。ビーグルにルアーコーシングをさせることもできなくはないが、すぐに飽きる。やはりビーグルは、地面に鼻をつけて匂いを嗅ぎつけることが本職なのだ。

こうした犬種の特徴に加えて、サイクルのようにその子が持つエネルギーも正しく理解しなくてはならない。僕は「エネルギーはエネルギーのまま」とよく言う。犬が生まれつき持っているエネルギーは、人間の意思やトレーニングで変えられるものではないということだ。人間であれば、エネルギーはすなわち「人格」と呼べるかもしれない。でも犬にとってのエネルギーは、置かれた環境やパック内での自然な居場所のことだ。

低エネルギーの犬をどんなに鍛(きた)えても、強盗を撃退するといった高エネルギー犬向きの仕事はこなせない。反対に支配欲の強い高エネルギー犬にセラピー犬の基本を学習させても、人を支えたり、救いになることはできないだろう。

サイクルはロットワイラーなので、筋肉質な身体と頑丈なあごが威圧的だが、中身は愛嬌たっぷり、ドジだけど遊ぶのが大好きで、パックの中央に置くのがぴったりの子だった。エネルギーを燃やしつくす必要はあるけれど、対決姿勢はみじんも見られなかった。

　護衛犬として力を発揮するには、生まれつき自信がみなぎるパック・リーダーでなくてはならない。警察犬になる犬がまさにそうで、危険に本能的に立ちむかう。銃で撃たれてもひるむことなく相手に迫っていくのだ。飼い主がやめるよう命じるまで前進あるのみ。だから大きな音がしただけでびっくりしたり、ドアの陰から誰かが飛びだして驚くような犬は向いていない。

　あいにくサイクルも護衛犬には不向きだった。新しいことを学ぶのは大好きだから、そのためのトレーニングはちっとも苦ではない。ただし彼にとってはゲームでしかなかった。遊ぶことが大好きなお気楽犬だったからだ。

　護衛犬向けのトレーニングとなると、サイクルはほんとうの自分を発揮できない。訓練はサイクルの良さを引きだすどころか、ロボットにプログラミングするようなものになっていった。僕は困った。ロスを喜ばせたいし、雇われた目的を果たしたいのはやまやまだが、僕が扱っているのは機械じゃない。感情豊かな一匹の犬だ。

　ある日、僕はリムジンの洗車をしながらサイクルのトレーニングについて頭を悩ませていた。そのときふと、サイクルの真の才能を活かしたらどうかと思った。サイクルはほんとうに頭がよくて、複雑な課題やトリックも学習できる。しかもその過程で、僕と交流することが好きでたまらない様子だった。

護衛犬のトレーニングは、僕が望むからやっているだけだ。でも楽天的な性格に合ったトレーニングなら、やる気も湧いて熱心に学習するんじゃないか……犬といっしょにいる時間をもっと増やしたいけれど、洗車の仕事も忙しい。そんなとき、僕はちょっとしたゲームを考案した。たとえば、ハウイーという頭の良いジャーマンシェパードを「助手」に任命する。僕が指示したら、水の入ったバケツを持ってくるのだ。だったらサイクルにはホース運びをやってもらおう！

サイクルは実に優秀な生徒だった。まるでこの機会をずっと待っていたかのように、すぐに仕事を覚えた。サイクルは身体が大きく、あごの力が強いので、勢いがよすぎるとホースに穴が開く。そうすると僕が弁償しなくてはならないから、噛む加減を教えるのがいちばん大変だった。サイクルはホースをひっぱってくるだけでなく、タイヤに水をかけるわざまで身につけた。

サイクルは僕よりずっと完璧主義だった。体重五五キロもあるロットワイラーがホースをくわえて、リムジンのタイヤに水をかける姿が想像できるだろうか。一年半のあいだに、実用的なものからくだらないものまで、ありとあらゆる仕事や芸をサイクルは覚えた。ついに天職に出会ったサイクルは、新しいことに貪欲に挑戦した。サイクルの新しい役目を、ロスも気持ちよく受けいれた。当初のねらいからはずれているけれど、僕の意見に耳を傾け、状況の変化に自ら対応してくれたのだ。

サイクルはロスの護衛犬にはならなかった。もちろんロットワイラーである以上、飼い主に危険を知らせたり、激しく吠えて相手を怖がらせることもできる。でもそれはほんとうの自分ではないので、そこそこのレベルでしかなかった。本質は攻撃する犬ではなかったのだ。ドッグトレーナーとして成功するには、そして何より情緒のバランスが取れた幸福な犬を育てるには、自分の持てるエネルギーを注がなくてはならない。犬が偽りのない真の姿でいられるように導いてやるのだ。

犬に対する自分の直感を信じること。犬に偽りの姿を押しつけないこと。サイクルから学んだこの二つは、僕のリハビリ手法の基礎になっている。

ただし、偽らないという教訓を自分自身に応用できるのはもう少し先のことだ。

だがほんとうに生きるなら、それらしくなろうとするな。

——アルベール・カミュ（フランスの小説家）

犬はどうやって偽りのない自分でいるのか

- 犬のエネルギーは生まれたときから死ぬまで変わらない。自分で変えたり、見せかけたりすることはできない。
- 犬は嘘をつかない。彼らがエネルギーとボディランゲージで発信することは、まぎれもなくそのとき自分が考え、感じていることだ。
- 犬は、偽りのない状態の人間にぴたりと波長を合わせ、そのエネルギーを感じて意図を瞬時に了解する。
- 犬どうしの関係に偽りの入る余地はない。自分が何者で、何を求めているかすぐに表現するからだ。だから相手が友だちになるのか、敵になるのか、ただの知りあいなのか即座に判断できる。
- 犬がバランスの取れた幸福な状態でいるためには、偽らないことが不可欠だ。それが大切なことだと本能的に知っているから、人間に対しても偽らないでいられる関係を求める。

ケインを育てる

ケインにはロットワイラーに求められる資質がすべてそろっていた。頭が大きく、あごががっしりして、鋭い目で相手を射抜く。身体はみっちりと筋肉が詰まり、茶色がかった黒い毛はつややかで、アメリカン・ケネル・クラブが認めるどんな犬も恥じいるほどの堂々たるたたずまいだ。

僕はケインに「会長」というあだ名をつけた。ビロードのような歌声で知られた往年のエンターテイナー、フランク・シナトラにちなんだものだ。ケインの瞳は深い青でたしかにシナトラを思わせたが、それ以上に印象的だったのは圧倒的なカリスマ性だった。彼が部屋に入ってくるだけで、その場にいる全員が気配を感じとる。でもシナトラと同様、ケインもたしなみと品格があって、やりすぎることはなかった。強いエネルギーは洗練され、控えめでありながら確実に伝わっていた。

ケインがやってきたころ、僕はようやく自分の住みかを手に入れていた。僕が働きはじめて一年半後、ロスはリムジンサービス会社を売却したが、「おたがい得になるから」と次のオーナーと話をするよう勧めてくれた。新オーナーのウォルドは、サウス・ロサンゼルスにある倉庫に警備をつけたいと言った。僕が世話をしているような大型で強い犬はギャングもいやがるから、毎晩パトロールをしてほしい。そのかわり隣接するフェンスに囲まれた広い駐車場を、トレーニング場として使わせてやろう。ロスの言ったとおり、願ってもない申し出だった。

リムジン洗車と犬のトレーニングで休みなく働きつづけたおかげで、僕の貯金は一万五〇〇〇ドルになっていた――自分でビジネスを始めるには充分すぎる額だ。僕は市役所に行って、約二〇〇ドルで営業免許を取得した。新しい事業を始めるための費用は、たったそれだけだった。

新会社の名称をドッグ・サイコロジー・センターにしたのには理由がある。僕はそれまでの経験で、オールアメリカン・ドッグトレーニング・アカデミーでやっているようなトレーニングでは、この国で犬と飼い主が抱えている問題は解決できないと確信していた。だからありきたりなドッグトレーナーになるつもりはなかったのだ。

米国人は、犬が幸せになるために何が必要なのかわかっていないな――僕は心の底でそう感じていた。ただ、僕が仕事をしたクライアントたちは犬への愛情が豊かで、学習する意欲も能力も高い。自分なりに積みあげてきたことの裏づけを得ようと、僕はたくさん本を読み、そこで一冊の本と出会った。『犬の心理学――ドッグ・トレーニングの基礎（*Dog Psychology: The Basis of Dog Training*）』だ。著者のレオン・F・ホイットニーはロンドンで活躍する世界的に有名な獣医。この本では、僕が直感的に知っていたことがひとつ残らず理論的に解説されていて、それが新しい会社名のヒントになった（ホイットニー博士とは、後年フランスのカンヌで直接お会いすることができた）。

でもこのアイデアは、友人たちや当時の妻にも反対された。「ドッグ・サイコロジー・センターなんて、何をやるところかぜんぜんわからない」というのだ。でもこの名前が正しいと確信していた僕は、考えを曲げなかった。いま思うと、やはり自分を偽らなかったのは正しかった。

最初のドッグ・サイコロジー・センターは、サウス・ロサンゼルスの工業地域にあるフェンスに囲まれた敷地と小さな倉庫、ただそれだけだった。でも広さがちょうどよかったし、賃料は手ごろ。ここが僕の拠点だ。手のかかる犬の扱いがうまいという噂はすでに広まっていて、僕に用事がある人はセンターに来ればよかった。

ケインの飼い主は、ナショナル・フットボール・リーグ（NFL）のロサンゼルス・ラムズでラインバッカーをしていたローマン・ファイファーだった。最初の大物クライアントのひとりだ。身長一八八センチ、体重一〇七キロの体格で、ベンチプレスで一七〇キロを持ちあげるローマンは、力強さもカリスマ性もずばぬけていたし、豊かな知性の持ち主でもあった。フィールドでのプレーぶりが「冴（さ）えわたる」と評されたローマンも、愛犬たちを前にしては形無しだったようだ。

「力を貸してくれ、頼むよ」二匹の犬を連れてセンターにやってきたローマンは、そのうち一匹を指さした。「こいつが僕の友人たちに襲いかかるんだ」

ほかの飼い主にもよく見られることだが、ローマンの問題は家庭内の力関係に端を発していた。初めてわが家に犬を迎えたとき、どう接していいかすぐにはわからないものだ。それが力の強い犬種だったりするととくにそうだろう。身体が大きい、見た目が美しいといったイメージでその犬種を選んだわけだが、門をくぐったその瞬間から完全になじみ、申し分なくふるまってくれると思いこみがちだ。その犬が満たされ、バランスの取れた状態になるためには何が必要かという考えは浮かばない。

ローマンが引きあわせてくれたケインはまだ若い犬だった。人間と同じで、犬の成長のなかで思春期はいちばん扱いが難しい。試行錯誤を繰りかえしながら自分の限界を試し、飼い主が持つさまざまな限界を生まれて初めて知る時期だ。

このころローマンはまだ独身で、同じくひとり者のチームメートたちがしょっちゅう遊びにきていた。ケインも屈強な雄だけれども、当然自分や仲間たちに従うものだとローマンは思っていた。だがケインは、自分の力が飼い主に勝るとわかっていた。おとなしい良い子でいるつもりはさらさらなかったのだ。

この仕事がどんなに楽しいか、満面の笑みでわかるはず。犬たちの態度や行動は、愛を与え、愛を受けとるとはどういうことか教えてくれる。

さらにローマンの親友カップルが、実はロットワイラーのような犬に恐怖心を抱いていた。いくら隠してもケインにはたちまちお見通しだ。ローマンや仲間たちがこれでもかと発散する男性ホルモンやアドレナリンにも刺激されて、ケインはますます自信をふくらませ、彼らと同等な存在として自分の居場所を主張するようになった。ローマンの友人たちが悪ぶった態度を見せようものなら、ケインはおまえたちのことはお見通しだと言わんばかりに唸ったり噛みつこうとする。それはまるで、「俺を見くびるなよ。おまえたちの仲間なんだからな」と釘を刺しているようだった。

お手上げ状態

ローマンは一年ほどケインを自宅に置いていたが、とうとうお手上げになってセンターに預けることにした。でも実を言うと、お手上げなのは僕も同じだった。

一九九四年、僕は結婚したばかりだった。一九歳の彼女が妊娠したのだ。つきあいだしてまだ一〇カ月、おたがいのことをよく知っている関係ではなかった。僕はまだ二四歳で、落ちつくつもりはなかったけれど、女性関係でみっともないまねはするなと両親に言われていたので、正しい道を選んだのだ。

結婚生活も、子どもを育てるのも完全に準備不足だ――結婚式の直後から現実が容赦なく襲ってきた。当時の僕は当座預金の口座も開いておらず、友人宅の裏庭を借りて六頭の犬と生活しながら、まだ利益の出ない新しいビジネスに稼ぎの大半を注ぎこんでいた。犬の預かりトレーニングで受けとる報酬は一泊一〇ドル。センターには常時一五～五〇匹がいたけれど、そのうちクライアントの依頼を受けた犬は半分にも満たなかった。残りは動物保護団体から引きうけたり、僕自身が町で見つけた野良犬だったのだ。

米国に僕の親族はひとりもおらず、親戚づきあいというと妻の両親やきょうだいたちだった。彼らもラテン系だが、米国的なものの考えかたがすっかり染みついている。伝統的な男らしさ、女らしさを重んじるメキシコの価値観と、米国人である妻の期待をどうすりあわせればいいのか、見当もつかなかった。

息子のアンドレが生まれると、僕の当惑はさらに深まった。父親として尊敬されたい気持ちはあるが、尊敬と恐怖が僕のなかでごっちゃになっていた。ローマンの友人夫婦じゃないけれど、僕にも隠しておきたいひそかな恐怖がたくさんあったのだ。理想の男になるにはどうすればいいのか——僕は必死にロールモデルを探した。

近くを見まわせば、かならず学べることはある。それが自分自身でいるということ……わざわざ遠くに出かけて成功者を探し、それをまねるなんてやっちゃだめだ。

——ブルース・リー（香港のアクション俳優）

嘘の仮面

そんな二〇代半ばのある日、テレビで評判の映画〈スカーフェイス〉を見た。アル・パチーノが演じる主人公で、コカイン密売でのしあがるトニー・モンタナに僕は心を奪われた。メキシコの麻薬王エル・チャポこと、ホアキン・グスマンを思わせる人物だ。マサトランの貧困地域では犯罪は日常茶飯事。学校でも、莫大な富を持ち、恐怖で町を支配するマッチョな顔役が崇拝されていた。

一九九〇年代、ロサンゼルスのサウスセントラル（現在のサウスロサンゼルス）というと、住民はアフリカ系やヒスパニックばかりで、ギャング連中が町を仕切っていた。そんな実情に毎日触れていたせいで、〝力〟とはそういうものだと刷りこまれていた。

名優アル・パチーノが演じるトニー・モンタナは、迫真の存在感があった。モンタナの欲望に切りがなかったように、僕にも大きな野望があった。恐れを知らないトニーにならって、僕も果敢に夢を追いかけよう――でも心の奥底では、夫・父親という新しい役割におびえていたのだ。

トニーのように恐れも情けも知らない男になろう。僕は衝動的にそう決めた。トニーの行動や態度は、僕自身の性格や本質をちっとも反映していないけれど、ひそかにくすぶる不安から自分を守るにはトニーの仮面をつけるしかなかった。

やるとなったら徹底的にやる。僕は話しかたまでトニーをまねた。そのころ、ドッグ・サイコロジー・センターではアンドレアスという男の子とその弟をアルバイトで使っていた。物静かで道理のわかるボスがとつぜん口うるさい暴君になったものだから、二人は仰天していた。僕は家庭でも威圧的になった。何があったのか知らない妻だが、夫の変化は気にいらなかった。正直言って、自分だって好きでやっていたわけじゃない。でも仮面をつけて不安をしまいこめば、当面は心が休まる。あのころは、それが解決策だと思っていた。

犬に嘘をつくな

トニー・モンタナ気どりでからいばりする僕の態度は、生活のあらゆる面できしみを生みはじめた。それまでは何の問題もなかった。ドッグ・サイコロジー・センターのある界隈を牛耳るギャングとは、直接関わることはなくうまく共存できていた。僕は徒歩やローラーブレードで犬たちを散歩させる。強そうな犬の群れを完璧に統率する姿に、ギャングたちは感心していたのだった。

地元の商店主たちも僕に注目するようになり、店や倉庫を毎晩パトロールしてくれるからと報酬をくれるようになった（散歩の通り道というだけなのだが、もちろん喜んで受けとった！）。夜の散歩を続けるうちに、表通りや横道がすっきりしてきた。午後六時を過ぎると、ゴミや古い家具などを路地に捨てる住民があとを絶たなかったのに、怖そうな犬がパトロールしているという噂で誰も捨てなくなったのだ。

リードもつけない屈強な犬たちが、隊列も乱さず歩いていく。ギャングたちにとって、その姿は力の象徴だ。だから彼らも僕にちょっかいを出さなかった。ところが僕がトニー・モンタナにかぶれ、ギャングみたいにふるまうようになる。ふんぞり返って歩き、服装もカジュアルな仕事着ではなく、映画で見たような派手なマイアミギャング風になった。それだけでは飽きたらず、町で出会うギャングたちに声をかけ、えらそうな口をきくようになったのだ。なめたまねをされたら、彼らもいずれ黙ってはいないだろう。タフガイ仮面をつけた自分は、どれほど愚かなリスクを冒していたか。いま思うと信じられないが、当時はうまくやっているつもりだったのだ。

そんなうわついた自分を粉砕してくれたのは、ドッグ・サイコロジー・センターの犬たちだった。このときセンターには、大型のロットワイラーが六匹（ケインを含む）と、まだ子犬だったピットブルのダディがいた。「犬の言葉がわかるドッグ・

ウィスパラー」と評される僕の才能は、穏やかで毅然とした僕自身のエネルギーに〝秘訣〟がある。そういうエネルギーを感じた動物は、本能的に相手に敬意を払い、指示に従うものだ。だが毅然とするのと、攻撃的であることはちがう。攻撃的な態度を前にすると、動物は不安定なエネルギーを感じてしまうのだ。不安定なリーダーに従える動物は人間だけだ。

群れ（パック）のなかでいちばん支配力のあるケインには、何もかもお見通しだったようだ。僕がいばりちらしていると、ケインはその傲慢なエネルギーを模倣し、僕に反抗してリーダーの地位から追いおとそうとした（ケインが僕にそむくと、それを見ているほかの犬たちも言うことをきかなくなる）。心に不安を抱えているのに、強がってマッチョぶるやつがまた出てきたというわけだ。そんな風に人間のリーダーがぶれまくっている以上、ケインが代わりを務めようとするのは当然のなりゆきだった。

二人のリーダーが正反対の指示を出すと、組織は大混乱に陥る。僕のパックはまさにそうなってしまった。ケインもリーダー、僕もリーダー。でも偽らざる自分をわかっているのはケインのほうだ。散歩に出かけると、犬たちは隊列などどこへやら、好き勝手に走りまわるようになった。

まだ若かった僕は混乱し、何が悪いのか見当もつかなかった。地元のギャング連中も、犬の統率がとれない僕への見かたが変わってきた。ヤクの売人みたいな格好で、ここは俺のシマだと言わんばかりの僕にねらいをつけるようになったのだ。

ある日、ロサンゼルスに来た当初から親しくしている友人が、僕のふるまいをじっと観察して言った。「いったいどうした？　おまえ、何様のつもりだ？」僕は返す言葉もなく、彼の顔をじっと見つめた。「そんな風だといつか銃で撃たれるぞ。犬たちも手がつけられなくなる」彼の表情は真剣だった。

その瞬間、僕の頭のなかに明かりが点灯した。犬たちのめちゃくちゃな行動は、僕自身の偽りが引き金になっていたことを悟ったのだ。僕は軽んじられ、そっぽを向かれていた。動物の世界では、パック・リーダーの偽りはぶれがある明白な証拠だ。犬たちはそれを大目に見ても、決して認めてはくれない。

科学の窓から

犬をだますと、信頼を失う

二〇一五年、専門誌『動物認知』に京都大学のある研究が掲載された。犬をだますと、長期にわたって信頼されなくなる危険があるというのだ。[6]

食べ物を入れた容器と、からっぽの容器を用意する。中身は外から見えない。食べ物があるほうを犬に見つけさせるわけだが、一回目の実験では、実験者は最初に食べ物が入ったほうを指さした。しかし二回目では、何も入っていない容器をわざと指さして犬をだました。そして三回目。一回目と同様に食べ物が入っている容器を指さしたものの、そちらを選んだ犬はわずか八パーセントに過ぎなかった。

この研究では、信頼できない情報を与えた人間を犬は強く警戒すると結論づけている。一度だますだけなら、だまされた犬の恥。でも犬を二度だましたら、恥ずべきは人間のほうだ。なぜなら犬の信頼は二度と戻ってこないから。

トニー・モンタナよ、さようなら

トニー・モンタナは、問題のまちがった解決策だった。当惑、不安、恐れを感じる状況に直面して、偽りの仮面をつけることを選んでしまった――それもよりによって映画の登場人物だ。自分を守るためとはいえ、未熟な判断で犬たちとの関係をだいなしにして、始まったばかりのビジネスまでぶち壊すところだった。

天から与えられた才能は、どんな偽りも持たず、誠実に犬に対するから発揮できるものだった。それには自分の中心から、穏やかで毅然としたエネルギーを生みださなくてはならない。何かの役を演じるのではだめなのだ。もし偽りつづける道を進んでいたら、犬たちの助けになることはできず、仕事もだめになっていただろう。自分の恐怖や弱さを認め、それを乗りこえて成長すればいいものを、それを避けて夢の実現を自分ではばもうとしていた。

人間の世界での立ち位置に少々自信がなくても、ありのままの自分でいればそれで充分――それがケインの教えだった。犬は辛抱強い。あなたが人間ならではの悩みにぶつかっているときも、突破口を切りひらくまで見守ってくれる――不正直で不安定なエネルギーを投げかけさえしなければ。犬が求めるのは、一点の曇りもない誠実さだ。ほんの少しの偽りも受けつけない。だが僕たちが偽りのない自分になるには、人間世界で「成功の秘訣」とされていることを振りはらい、自分の根っこにある正直で清廉な直感を大切にしなくてはならない。

トニー・モンタナに永遠の別れを告げるため、僕は自分の写真を撮り、顔のところにモンタナに扮したアル・パチーノの顔写真を重ねて貼った。自分を偽っていたときを忘れないために、その写真はいまでも家に置いている。

ケインを育てなおす

ケインは自分が何者で、何のために生まれてきたかよくわかっている。ケインにはどこも直す必要がない。むしろ問題は飼い主と僕のほうだった。

僕は誓い、態度を改めた。トニー・モンタナの一件で、自分に対しても、犬たちに対しても二度と偽らないと。ケインとの関係も軌道修正して、遊びごころいっぱいの気軽な遊びを通じて、新たな絆を深めていった。マリブの北にあるビーチに出かけて、自然に囲まれた新鮮な環境で「取ってこい」をしたり、丘をどこまでも走ったり。大きな波とじゃれて水しぶきをあげたり。はめをはずすほど楽しい遊びは、支配欲を刺激するトレーニングとは対極だ。僕はケインの茶目っ気をぞんぶんに発揮させながら、信頼関係を一から築いていった。

次はケインの飼い主であるローマンだ。穏やかで毅然としたリーダーシップを確立してもらわなくてはならない。犬が怖いのに虚勢を張る友人が良い例だが、いっしょにいるとケインが落ちつきを失う相手がいる。僕は、その徴候にすばやく気づく方法をローマンに指南した。

二年後、ローマンは結婚して子どもが誕生した。このときはローマンもケインも総動員で、ケインが赤ん坊のそばにいても安全だし、むしろ安心できることを新妻に納

セレブの顧客ファイル

アレック・ボールドウィン夫妻

僕の顧客であるアレック・ボールドウィンほど、仕事熱心で多忙な俳優はいないだろう。役柄をつくりあげ、その人物になりきるのが彼の仕事だ。思ったことを臆せず口にして、世間の怒りを買うお騒がせ男と思われているが、これはイメージがひとり歩きしているだけだ。だが一度定着したイメージはなかなか消せない。

「アレックはちゃんと理解されてないわ」と語るのは、マンハッタンの有名ヨガ・インストラクターである妻のヒラリアだ。「道を歩いていると、すぐ注目される。ニューヨークみたいなせわしない町では、それがけっこう消耗するの。逃げ場がないんだもの。有名人はほんとつらいのよ。だけど犬たちは、彼が有名だなんてことはこれっぽっちも頭にない。アレックが無償の愛を注げば、犬たちも無条件で愛してくれる。とても純粋な関係――彼にとってはいちばん純粋かもしれない」

アレックの愛犬たちは、アレックという人間について、彼の心や魂まで完全にわかっている。他人を演じる役者だとか、爆弾発言で騒がれる人物だといった先入観はいっさいない。犬たちは行儀がよく、バランスが取れている。それはアレックが偽りのない姿で接しているからだ。

肩ひじ張らず、弱点や欠点もひっくるめたありのままの自分でいられて、そのうえ無償の愛まで得られる――それは犬を飼う者に与えられる最高のごほうびだろう。

得してもらった。数年後、離婚したローマンはふたたび僕に連絡してきた。新しい恋人と、彼女が飼っているチワワと良い関係を築きたいということだった。

ケインの物語はハッピーエンドとなった。ローマンの友人たちに攻撃的になることは二度となかったし、それどころか一家が旅行するときは、どこへでもお伴した。信頼の置ける家族の一員として、子どもたちには「頼もしいお兄さん」となった。

卓越したロットワイラー、ケインのことは決して忘れない。自信をつちかうとはどういうことか、大切なレッスンを彼は教えてくれた。

四つの世界

僕は、犬から学んだことをできるだけ多くの人にわかってもらいたくて、簡潔なフレーズにまとめている。そのひとつである「四つの世界」は、まさに偽らない大切さを表現したものだ。

人間には四つの世界がある。人生に起こるさまざまなできごとを受けとめたり、他者と交流したりするとき、誰もが四つの世界を使いわけている。

魂の世界
感情の世界
知性の世界
本能の世界

たとえばこうだ。聖職者は魂の世界、データアナリストは知性の世界に生きている。ロマンス小説家は、知性と感情の二つの世界にまたがっているだろう。自然が相手の農家は、本能寄りの世界で生きているはずだ。

でも状況や環境によって、ちがう世界に行くこともある。弁護士をしている人は、仕事中は知性の世界にどっぷり漬かっているが、子どもたちの待つ家に帰れば感情の世界に切りかわるはず。ただし主体となる世界はひとつで、何かにつけてそこに引きよせられる。

四つの世界のうち、いま自分はどこにいるのか。それがどの世界であっても、それは人生を眺めるレンズとなり、自分にとっての現実を決める枠となる。ほかの人や動物との関わり、状況が変化したときの対応も、その枠のなかで決まっていく。

知性の世界が主体の人は、感情の世界に根をおろした人から見ると、共感や同情の持てない人に映るだろう。魂の世界の人は、知性の世界の人からすれば迷信ぶかくて非論理的と言われそうだ。いま自分がいる世界が、四つのうちどれなのか。誰もがそれを知っていれば、話が通じやすいし、相互理解も進む。つまり、偽りを身にまとう必要がなくなるということだ。

人間は、知性の世界と感情の世界が切れ目なくつながっていて、そのどこかにいることがほとんどだ。だが犬が生きるのは、最初から最後まで本能の世界だけ。困った犬に対処するときは、僕自身も本能の世界に飛びこむ。だから犬と同じレベルでつながることができるのだ。

忘れてはならない。喜びと苦しみの伴侶とするために神がわれらにつかわした犬は、だますことを知らない気高い性質を備えていることを。

——サー・ウォルター・スコット（スコットランドの詩人・小説家）

人間が嘘をついても、犬は嘘をつかない

犬の問題行動を見きわめるとき、僕は時間をかけて飼い主の話をじっくり聞く。飼い主は犬の困った行動と理由をくわしく語るけれど、ほんとうの原因は別のところにあることがほとんどだ。

飼い主は話の内容はそっちのけで、感情やドラマが先走ることもある。そんなときに犬のほうを見ると、こう語りかけてくるのだ。「飼い主さんは心のバランスが崩れているから、いっしょにいて怖いんだ」「飼い主さんはぼくにちっともかまってくれない。家具をぼろぼろにしちゃうのは、退屈してるからだよ」。その家で実際に起きていること、飼い主が抱えているほんとうの問題を、犬は単刀直入に教えてくれる。人間はストーリーを語るが、真実を教えてくれるのは犬なのだ。

自分の本能に再接続する

犬が本能を発揮するとき、そこに予断はない。犬が噛むのは、恐怖を覚えたり、攻撃されたりしたときだ。相手が気に食わないからとか、相手の言ったことにむっとしたからとかではない。犬は本能そのままに行動する。つまり偽りの行動というのはあ

りえない。偽りを捨てて、もっと誠実になりたいと思ったら、まず犬をお手本にすることだ。

犬に学ぶレッスン　その4
偽りを遠ざけて生きる方法

- 本能を強く意識する。いちばん偽りが少ないのは、何かあったとき最初に自分が見せる対応や反応だ（正しいかどうかはともかく）。
- 相手のボディランゲージをよく観察する。身体、とくに目で嘘をつくのはまず不可能だ。
- 真実を口にしようとすると、内なる声が押しとどめる。「それを言うとクビになるかも」「言ったところでわかってもらえない」。でもそれはただの（誤った）思いこみ。自分を偽る内なる声に警戒しよう。

Lesson 5 許すこと

犬が許しを与え、過去にしがみつかず、その日その日を楽しく生きられる理由は、神が与えたもうたとしか言いようがない。それは私たち人間があこがれてやまないものだ。

——ジェニファー・スキッフ『犬には神が宿っている』

最初に鳴き声が聞こえた。いたいけな動物が苦しんでいる悲痛な声だ。心ある人なら、心臓が止まりそうな思いをするにちがいない。

鳴き声は少しずつ近づいてきた。ここはロサンゼルスのサウスセントラル。労働者が多く暮らす殺伐とした界隈だ。ただならぬ気配に、住民たちが窓から外の様子をうかがい、表に出てくる者もいた。

そのとき、火の玉が猛スピードで転がってきた。炎がたちのぼり、ガソリンと、肉の焼けるいやな臭いが漂う。火の玉の正体は犬だった。口を開け、恐怖で目を見開いたまま走っている。

何が起こったか一目瞭然だった。何者かがこのピットブルに火をつけたのだ。

数人がすぐ救出に動いた。駆けよって哀れな犬に毛布をかぶせ、火を消しとめて、濡れタオルで冷やしてやる。ピットブルは動物病院に運ばれて一命をとりとめたものの、熱傷はIII度で背中の筋肉にまで達していた。

数週間後、ハーツ・アンド・テイルズという小規模な救援団体が、退院したピットブルを引きうけて**ローズマリー**と名づけた。

ローズマリーはホワイトタンがきれいなピットブルの雑種で、闇の闘犬場から放りだされた犬だった。どんな経緯で火がつけられたかわからないが、わざとであることはまちがいない。誰かが捕まえようとしたが、手に負えずに腹立ちまぎれにやったのかもしれない。あるいは重要な試合に負けてしまい、殺されかけたのか。ただローズマリーは小柄で性格は穏やかなので、闘犬を仕込むときのおとりに使われていた可能性が高い。あるいは動物を痛めつけたいという欲求にかられたのか。理由はどうあれ――こんな残酷な仕打ちに理由があるとして――ローズマリーは背中一面にガソリンをかけられ、火をつけられたのだ。焼けつく痛みと裏切られた悲しみに泣きさけび、オレンジ色の炎のかたまりとなってサウスセントラルの通りを駆けていったローズマリーを、犯人は笑いながら見ていたにちがいない。

助けの手を差しのべる人がいてよかった。人間のしわざでなくても、事故や自然のなりゆきで傷ついた動物を、そのまま見過ごしていいはずがない。ローズマリーを救ったのは、この世でいちばん情けぶかく、そして強い人たちだ。きっと彼らは、人間がいちばん醜(みにく)い部分をあらわにして、犬を虐待(ぎゃくたい)し、放置し、痛めつける光景をふだんから見ていたにちがいない。罪のない、無力な動物にそんなことができる者がいると思うと、人間そのものが信じられなくなってくる。

ハーツ・アンド・テイルズは、ローズマリーがまだ集中治療室から出られないときから寄付を募り、入院費用を工面した。退院してからは、里親の家で精神と身体の回復を図ることになる。だがローズマリーは身体だけでなく、心にも生涯癒えない傷を負っていた。

里親のところに来るなり、ローズマリーは攻撃性をむきだしにした。救援団体のスタッフに歯をむきだして唸り、噛みつこうとする。里親になった女性と散歩の途中、高齢の男性に二度も飛びかかった。経験豊かで熱意あふれるスタッフがついていなかったら、叩きのめされていたにちがいない。でもせっかく命びろいをしたのだ。もう一度幸せに生きるチャンスをあげようじゃないか。そう思ったスタッフたちは、最後の手段として僕のところにやってきた。

そんなローズマリーが教えてくれた大切なレッスンは、いまも僕の胸に深く刻まれている。それは許すということだった。

> 動物を格付けするのは、自ら悪者になる覚悟のない二流の臆病者がやることだ。
>
> ――クリーブランド・エイモリー（米国の作家・動物愛護運動家）

信頼の再構築

ローズマリーは危険きわまりない恐ろしい犬――僕はそう聞かされていた。しかし実際に会ってみると、その攻撃性は一〇〇パーセント恐怖心から来ているとわかった。本来の彼女は低エネルギーで、パックの最後尾がしっくりくる性格をしている。戦闘意欲は少しもない（だから闘犬の世界では役に立たなかったのだろう）。身体を調べたら、出産経験がないこともわかった。繁殖犬ではなかったということだ。闘犬

犬に信頼と尊重を教えるひとつの方法。
それはパックに入れて自分の居場所を見つけさせることだ。

の繁殖では、支配的な性格の雌が好まれるからそれもうなずける。
どんな犬でもそうだが、ローズマリーも彼女のペースで僕に慣れてもらうことにした。最初の数日間は僕のパックも遠ざけて、黙って近くに座るだけ。ただじっと待っていたら、ローズマリーは自分からやってきた。そして僕の顔をなめ、ひざに頭をのせた。ほんとうの彼女は穏やかで、愛情がとびきり豊かな犬だった。人間を攻撃するのは、そういう習慣だっただけだ。人間は苦痛や虐待をもたらす存在だったから、自分を守るためには攻撃あるのみ、傷つく前に傷つけるしかなかった。

そのころは四、五〇頭にふくれあがっていた僕のパックも、ローズマリーの心の傷を癒やしてくれた。やけどをしたり、片目や片脚をなくした犬がいても、犬たちは気にしない。相手のエネルギーだけを読みとる。ローズマリーは最初こそおずおずしていたが、温和なエネルギーはすぐにほかの犬に伝わり、歓迎してもらえた。

パックの仲間、僕の妻と子どもたち、それにドッグ・サイコロジー・センターで働くやさしいスタッフの面々に囲まれて過ごすうちに、ローズマリーも自分の殻から出てくるようになった。センターの訪問者にも、ローズマリーには敬意を持って、いきなり近づきすぎないよう注意した。初対面の犬には「触れず、話さず、目を見ない」というルールを徹底したのだ。

やがてローズマリーに、人間への信頼と愛情が芽ばえてきた。それは僕にとって、魂が揺さぶられる体験だった。人間に許しを与えた姿には、神々しささえ感じる。それまでの半生で、人間から想像を絶する虐待を受けてきたローズマリーは、命を救おうとしてくれる人にも歯をむきだして威嚇していた。そんな彼女が、学校から帰ってきたカルビンとアンドレと遊び、鼻をすりつけて甘えるまでになったのだ。

過ちを犯すのは人間、許すのは犬。

——作者不詳

セレブの顧客ファイル

ケシャ

歌手、ソングライター、ラッパー、女優のケシャ（ケシャ・ローズ・セバート）は、言葉を持たない動物たちに愛と敬意を抱いている。米国動物愛護協会の初代ワールドワイド・アンバサダーに就任した彼女は、動物実験反対運動を世界的に展開している。子どものころから、遺棄、虐待、放置される動物を数多く救ってきた彼女は、動物たちの許しの力を目の当たりにしてきた。

「犬が相手に寄せる信頼は無条件で純粋で、美しいものよ」とケシャは言う。「この世に生まれた直後、私自身の心もそうだったと思うの。でも年齢とともに色あせてくる。動物たちの心はどこまでも美しく、純粋だから、人間はあこがれてやまないのね。私自身も、そんな心を取りもどそうとがんばってるわ」

二〇一六年、レコードプロデューサーとの二年にわたる裁判で訴えが退けられたケシャは、自らのキャリアのためにこれ以上争わないことにした。虐待や放置というむごい体験をしてきた犬たちが前を向いて生きる姿に刺激され、自分も敗北や裏切りを乗りこえて前進することにしたのだ。

目的を見つけたローズマリー

パックのなかで信頼する心が芽ばえたローズマリーは、ほかの犬にはできない役割を果たしはじめる。自然界では、クジラも、霊長類も、オオカミもそれぞれの居場所がある。生まれたばかりの動物が、自分の居場所を見つけるときの支えになるのが「乳母(ナニー)」役の雌だ。ローズマリーは理想的なナニーだった。

そのころ、ドッグ・サイコロジー・センターを開設しておよそ二年が経過していた。ロサンゼルスのここサウスセントラルでは、センターがアニマル・シェルターのように思われて、妊娠中の雌犬や、生まれたばかりの子犬が入った箱が門の前に捨てられることがたびたびあった。僕たちはどんな犬も引きうけた。問題行動のある犬はリハビリを行ない、つきあいのある動物救済団体と連携して新しい家族を見つけてやった。

子犬が大勢入った箱を僕が抱えているのを初めて見た瞬間、ローズマリーの何かが目覚めた。ローズマリーは子犬たちから片時も離れず、スポイトで授乳するときもぴったり付きそって、授乳後に身体をなめてやった。夜は子犬たちが温かく眠れるように、傷だらけのお腹にもぐりこませてやった。

こうしてローズマリーは、妊娠中の母犬や親のない子犬たちの正式なナニーとなった。無限のやさしさと愛情を注ぐローズマリーだが、いっぽうでしつけも厳格だった。子犬に明確な境界と制限を教えこみ、ソーシャルスキルを覚えさせるのは、本来なら母親の役目だ（パピーミルと呼ばれる悪質ブリーダーは、母犬のことを子犬を産む機械ぐらいにしか考えていない。虐待を受け、ストレスをためこんだ母犬は子育てがうまくできない。だからパピーミルから救出された犬には問題行動が多く見られる）。でもドッグ・サイコロジー・センターには、ローズマリーという優秀な指導者がいた。子犬たちは犬づきあいの方法をきちんと身につけてからセンターを卒業していったのだ。

ローズマリーの愛情あふれる穏やかな性格、過去を許して前に進む力は、彼女を直接見た人だけでなく、話を聞いただけの人にも大きな感銘を与えた。

許しの試金石

マイケル・ビックの闘犬問題

二〇〇七年四月はじめ、連邦捜査官と地元バージニア州の法執行官が六万平方メートルの敷地に踏みこんだ。そこはバッド・ニューズ・ケネルズと呼ばれていたところで、持ち主はNFLのアトランタ・ファルコンズのクォーターバック、マイケル・ビックだった。強制捜査では、数百万ドルを投じたと思われる豪華な闘犬賭博(とばく)用リングの痕跡と、拘束された状態の七〇頭近い犬(ほとんどがピットブルだ)が見つかった。犬の多くは重傷を負っていた。

マイケル・ビックは罪を認め、刑務所に入った。では犬たちはどうなるのか? 闘犬に対する扱いは厳しく、ASPCA(米国動物虐待防止協会)でさえ闘犬はすべて殺処分という方針を打ちだしている。そんな運命を阻止しようと、熱心なボランティアが奔走しはじめた。

ジム・ゴラント著『迷子の犬たち——マイケル・ビックの闘犬がいかに救済されたか(*The Lost Dogs: Michael Vick's Dogs and Their Tale of Rescue and Redemption*)』には、その様子が詳細に記されている。救出された四九匹を専門家が観察した結果、一六匹はただちに一般家庭での受けいれが可能で、二匹は警察犬の適性があると判断された。残る三〇匹は保護施設行きとなった。家庭で飼育するには危険な犬たちも、快適な環境で最後まで面倒を見てもらえる。攻撃性があまりに強く、手のつけられない雌だけは安楽死させられた。

それから八年たち、元闘犬を受けいれた人びとは、犬たちがつらい過去を克服し、独特のやりかたで愛情を表現する姿に感動している。マイケル・ビック闘犬問題は、犬の許しの心を知るまたとない機会になった。

ポパイ

ローズマリーと同じころにパックの一員だったのが**ポパイ**だ。赤鼻のたくましい純血ピットブルで、彼もまた闘犬産業の犠牲者だった。試合で片目を失って路上に捨てられたのだ。海賊船の船長みたいな風貌のポパイは、片目しか見えないせいで猜疑心が強く、弱さを見せまいと攻撃性をむきだしにした。それは人間にもおよんだので、ポパイを救済した団体が僕のところに連れてきたのだった。

ローズマリーとちがって、ポパイは最初から闘犬にするのがねらいだった。そのため過去の飼い主たちは、支配的、攻撃的な面を助長するように育てた。最初に会ったときのポパイは、神経質で支配欲にあふれていた。ボス犬にふさわしい本能とエネルギーは、脅威を感じると危険な武器へと変貌する（最初のころは四六時中そんな感じだった）。リハビリが始まってからも、いつどんなきっかけで不安定な心理状態になり、牙をむくかわからないので、警戒レベルを最大限に上げておく必要があった。
それでもパックのなかで過ごすうちに、ローズマリーのときと同じ変化が起こった。社会性が高く、雰囲気が穏やかで、役割がきっちり定まった組織に入ったことで、ポパイは落ちつきを取りもどした。そこには自分を癒やそうと努力してくれる、尊敬できる人間たちもいた。こうして半年もたつと、ポパイはドッグ・サイコロジー・センターでの新しい生活にすんなり溶けこみ、人間に攻撃性を見せることは二度となくなった。

犬は無限の許しを私たちに示す。その許しの力は、いまの瞬間を生きていることと関係あるだろう。何ひとつ引きずらない犬の生きかたは、私たちにとって大切な教訓だ。

——アンドルー・ワイル（米国の健康医学研究者）

あなたの物語はあなた自身ではない

ローズマリーとポパイは、ドッグ・サイコロジー・センターを代表する犬となり、テレビ番組〈ザ・カリスマ ドッグトレーナー～犬の気持ち、わかります〉の初期の

片目を失う大けがを克服し、人間への信頼を取りもどしたポパイ。
その姿は、ドッグ・サイコロジー・センターを訪れるすべての人に感動を与えた。

エピソードにもたびたび出演した。ローズマリーの身体の傷や、ポパイの目は、パックのほかの犬より目を引きやすい。「いったいどうしたんですか？」と好奇心むきだしで質問され、彼らの悲しい物語を繰りかえし語るたびに、僕は居心地の悪さを感じていた。

それはきっと、犬が説く許しの教えのなかでいちばん重要な教訓に反していたからだろう。それは「あなたの物語はあなた自身ではない」ということだ。犬は人間とちがって過去にしがみつかない。記憶は大切なものかもしれないが、忘れたほうがいいことまでしつこく再現していては、いまこの瞬間をきちんと見つめることも、前に進むこともできない。ここでひとつ深呼吸して、犬たちのやりかたに注目してみよう。

犬の過去について、犬自身よりはるかにこだわっている飼い主は多い。虐待を受けるなど、不遇な状況から救いだされた犬を引きとった場合はとくにそうで、自分に飼われる前はどうだったかという話をつくりあげ、語りたがる。「この子、ブーツを怖がるの。きっと蹴られてばかりいたのね」「うちの犬はバンに乗るのをいやがるんだ。走っているバンから放りだされたんだろう」などなど。たとえ放置や虐待がほんとうだったとしても、不幸話で否定的なエネルギーを発散させる飼い主は、無意識のうちに犬を過去に縛りつけている。

いまに留まる

身ぶるいするほど残虐な仕打ちを受けたローズマリーは、前を向き、自分を傷つけた人間という生き物を許すことができた。憎しみを抱き、攻撃することを教えこまれたポパイは、ローズマリーより少し時間がかかったものの、まったく新しい生きかたを受けいれることができた。それもこれも、犬は機会さえ与えられれば、バランスの取れるほうへ進むからだ。この性質に例外はない。心理的な負い目を抱えたまま、あるいは過ぎたことに未練を残したまま生きるということはしない。犬はいまを生きる生き物であり、そういう生きかたを選択する生き物なのだ。

僕の経験から言わせてもらうなら、犬をバランスの悪い状態に追いこんだり、本来の性質を発揮できないようにするのは、全部人間のせいだ。そんな不公正でまちがったことは許されない――「過去にしがみつかず、手ばなすことを学びなさい」と僕が繰りかえし訴えるのもそのためだ。自分のことは無理でも、犬に関してはどうか「過去を手ばなす」ことを覚えてほしい。

傷つけることにしがみつく

もし、ローズマリーと同じ体験をした人がいたら? 世界には虐待、拒絶、不当行為、暴力の犠牲になっている人が数えきれないほどいる。そんな人びとが、心身に受けた傷を癒やし、第三者の協力を得ながら自らも努力を重ね、過去を過去として割りきれるようになるには何年もかかるはずだ。どうしても前を向くことができず、苦しみを乗りこえられない人もいるだろう。それは人間に記憶というものがあるからだ。

強烈で、真に迫っていて、ときに映画の一場面を見るようによみがえる記憶は、人間にとって恵みであり、呪いでもある。しかし同時に、苦痛に耐える犠牲者であることに居心地の良さを覚え、過去のトラウマを手ばなそうとしないのも人間の一面だ。

予想外の事態に見舞われたときの対処方法として、僕たちは犬からどんなことを学べるだろう？

犬はどう許すのか

- **犬はわが身に起きたことに抽象的な意味をくっつけない。経験から連想をするだけだ。**
- **犬は過去のできごとから新しく前向きな連想をして、前進することができる。**
- **犬はあらゆる瞬間を本能的に経験するので、いまという時間を余すところなく受けとめる。**
- **犬の時間はいましかない。だから人間なら引きずりそうな深い傷も、過去のものとしてあっさり手ばなすことができる。**

毎日犬たちと過ごしていると、彼らから受ける影響ははかりしれない。サンタクラリタの丘を走ったり、マリブの浜辺でボールを投げたりするとき、クライアントから預かった犬がバランスを回復できるようにみんなでリハビリしているときは、瞬間の連続で時間が過ぎていく――そう、犬たちと同じように。

けれども、僕は人間だ。昔の恨みを引きずっているし、傷ついたことは忘れられないし、過去を水に流すこともできない。そうした過去の苦しみを完全に手ばなすには、相当の努力が求められる。それをやりとげて、精神的な高みに到達した人は尊敬する。自分もそうなりたいと切実に願うところだが、僕もこれまでの人生で学んだことがある。許しは旅のようなもので、思わぬところでつまずくということだ。

私の犬たちは許してくれる……私のなかにある怒り、傲慢、粗暴さを。私が何をやっても、自分自身より早く犬が許してくれる。

――ガイ・デ・ラ・バルディーン『ひと握りの羽根』

暗闇に迷いこむ

長年のがんばりがついに報われた。米国行きを決意したときの野望が、とつぜん意外な形で現実になったのだ。ただしそれは、「世界一のドッグトレーナーになる」ことではなかった。チュラビスタ・グルーミングで初めてデイジーを担当した日から、米国で飼い犬が置かれた現状を知るにつけて、僕の夢は、自分の才能を活かした新しい使命へと変貌していた。そのころの僕は、ドッグトレーナーというより、むしろピープルトレーナーだった。困った犬のリハビリを数多く担当するうちに、犬が行動で訴えていることを飼い主に理解させることが、人間と犬の幸せの近道だと確信するようになったのだ。

二〇〇四年、僕の初めてのテレビ番組〈ザ・カリスマ ドッグトレーナー～犬の気持ち、わかります〉がナショナル ジオグラフィック チャンネルで放送を開始した。二〇〇六年には、一冊目の著作『あなたの犬は幸せですか』（講談社）が出版される。テレビ番組は九シーズン続き、本は世界的ベストセラーになった。

僕にとって、あのころのイメージは映画〈オズの魔法使い〉の竜巻だ。いろんな変化が激しく渦を巻くように次々とやってきた。それまではロサンゼルス南西のイングルウッドの賃貸暮らしだったが、サンタクラリタの新しくて大きい家に家族で引っ越した。〈ザ・カリスマ ドッグトレーナー〉がエミー賞にノミネートされ、ピープルズ・チョイス・アワードを受賞した。著書が次々とニューヨーク・タイムズ紙のベストセラー・リスト入りした。僕は世界中を飛びまわり、何千人というファンの前で話をするようになった。

けれども竜巻の内側には、暗く危険な影がうごめいていた。仕事が忙しくなり、しょっちゅう家を空けるせいで、家族との時間が犠牲になった。とくに二人の息子と距離ができてしまった。自分の会社なのに、コントロールしきれない部分が出てきた。あっというまに生活が激変し、妻とのけんかが増えた。

ぼんやりしたイメージのまま毎日が過ぎていった。そして二〇一〇年三月、とうとう妻に離婚を突きつけられた。電話でそのことを告げられたのは、アイルランドでのライブショーの直前だった。睡眠不足で、ストレスもたまりにたまって、すっかり弱っていた僕には決定的な打撃だった。それでもすぐにショーが幕を開ける――皮肉なことに、その日のステージはかつてないほどの出来ばえだった。自分の感情や弱さをあれほどさらけだすことができたのは、後にも先にもこのときだけだ。

ショーが終わると、心の傷がうずきはじめた。裏切られた怒りがわきあがる。自分が完璧な人間でないことは百も承知だけれど、それでもがんばってきた。とくに今回

逆境を克服するには、自分自身が成長して、心の傷を癒やす必要があった。
そんなとき、いつもそばにいてくれたパックの犬たちにはほんとうに感謝している。

は、妻がカルビン、アンドレを連れてあとからヨーロッパに来るというので、心待ちにしていたのだ。二人の息子は海外旅行は初めてだった。

ヨーロッパ旅行なんて、つい一〇年前まで想像もしていなかった。そんなあこがれの地で家族水入らずの休暇を過ごせる――僕は殺人的なスケジュールを調整して、無理やり時間をつくった。でも夢のバブルは一本の電話であっけなくはじけてしまい、僕は打ちのめされた。

妻の電撃通告のあとも、仕事はぎっしり詰まっていた。一日一四時間の撮影に加えて、英国全土の巨大な会場をめぐってライブショーをこなす。自分が崩壊しそうになりながら、予定を消化していく。まわりに霧がたちこめたようで、感覚は麻痺したままだ。いまでも当時のことはあまり記憶にない。この旅を早く終わらせたい——それしか頭になかった。

ようやくカリフォルニアに戻ったはいいが、そこで精神的にも身体的にも完全にとどめを刺され、僕はずたずたになった。お金が潤沢で、安泰だったはずのわが家の財政が、破綻寸前であることがわかったのだ。そのうえ、長年のビジネスパートナーたちが不誠実で、僕は自分の会社とテレビ番組に対する権限をすっかり失っていた。まさに孤立無援だ。

あのときの僕の心は、まさにブラックホールだった。闇はどこまでも深く、光がまったく見えない。抜けだそうにも出口もなかった。

ブラックホールからどうにかはいあがるのに、結局六年かかった。僕は死にものぐるいで会社を立てなおし、それまで他人まかせだった部分もすべて自分で管理するようにした。ありがたいことに、僕が苦境を脱するまでのあいだ、家族や親しい仕事仲間、友人、それに大勢のファンが一致団結して応援してくれた。

あの挫折をくぐりぬけたおかげで、僕はうんと賢く、強く、思いやりのある人間になれたと思う。ブラックホールから帰還できたこと自体、どれほど幸運だったか。あれから僕は、他人の苦しみに対して心の底から深く共感できるようになった。神は身に余る試練を与えないというが、神さまはあのとき僕をずいぶん買いかぶっていたようだ。あんな苦悩に耐えられる強さがあるとは、自分では思っていなかったから。でもいまなら言える。神さま、やっぱりあなたの判断は正しかった。

苦しみがしがみついてくるのではない。自分で苦しみにしがみついているのだ。

――オショウことバグワン・シュリ・ラジニーシ（インドの宗教家）

科学の窓から

許しは生命を救う

ポパイとローズマリーは、許しの本質を突いていた。宗教家や霊的指導者は許すことの大切さを説くけれど、実は許しは健康の処方箋(しょほうせん)でもあるのだ。自分を不当に扱った相手を許すと、血圧が下がり、免疫(めんえき)力が上昇し、睡眠の質が高くなり、寿命が伸びるという研究結果がある。[7] 恨みを抱えこまず、手ばなすことを知っている人は、人生への満足度が高く、健康で長生きできるのだ。気分の落ちこみや不安、ストレス、怒り、敵意を感じることも少ない。

反対に恨みをいつまでも引きずる人は、重いうつ病や心的外傷後ストレス障害（PTSD）になりやすい。心臓疾患をはじめとする病気にかかりやすく、治るのも時間がかかるという。

許しへの旅

ローズマリーやポパイなど、虐待を受けて僕のもとにやってきた犬たちは、少しの恨みも残さず、いさぎよく人間を許した。自分もそんな風に許すことができればどんなにいいだろう。人間からむごい仕打ちを受けたのに、その過去をさらりと流してふたたび人間に無条件の愛を捧げる犬たち。僕よりはるかにつらい経験をしているのに、それを克服した犬たちに僕は畏怖（いふ）の念を覚え、彼らのようになりたいと日々努力している。

許しをめざす旅の最初の一歩、それは他者の目で状況をとらえることだ。犬はこれが苦もなくできる。なぜなら「パック優先」が犬本来の性質だからだ。彼らはつねに、パックにとって何が最善かという視点で世界を見る。だが人間はそうした感情移入がなかなかできない。

僕の最初の結婚は、最初から登り坂で大きな岩を押しあげているようなものだった。妻と僕は、持っているエネルギーがちがいすぎた。結婚一日目からエネルギーが衝突する危機的状況だったのだ。二人ともせいいっぱい努力したけれど、相性の悪さはどうしようもなかった。

あのころいちばんこたえたのは、二人の息子がずっと会話を拒否していたことだ。それまで離婚や別離を経験したことがなかった僕は、わが子を含め身近な人たちが、どちらの側につくか選択を迫られる事実をわかっていなかった。

〈ザ・カリスマ ドッグトレーナー〉が成功したおかげで、仕事が猛烈に忙しくなり、出張も増えた。僕は息子たちの初めてのダンスパーティーも、アンドレがサッカーの試合で決めた初ゴールも見ることができなかった。彼らと夕食をともにしたり、悩みにアドバイスすることもできなかった。父親が不在だったせいで、息子たちはどんどん母親寄りになっていった。

妻から離婚したいと電話で言われたとき、僕はすぐにでもヨーロッパから帰国して、家族との関係を修復したかった。でも契約がある以上、仕事を途中で放りだすわけにいかない。息子たちは、僕の言い分を聞いたり、僕の立場で状況をとらえる機会が一度もないまま、「悪いのは父親だ」と結論を出した。それも無理はない。

結婚生活が破綻したのは、もちろん僕にも非があった。家族のために金を稼ごうとがんばるあまり、家族との貴重な時間を犠牲にした。息子たちはそんな父親に腹を立てたのだ。僕がもっと家にいて、自分たちや母親に心を砕いていれば、離婚にならなかった——彼らはそう思っていたはずだ。両親が別れるのを見たい子どもはいない。

大切に思っていた人みんなに見捨てられた——あのころの僕はそう感じていた。僕が朝目覚めて、今日もがんばろうと思えるのは二人の息子のためだったし、いまもそうだ。彼らの愛と支えを失うなんて、この世の終わりに等しかった。

でもいまはちがう。アンドレ、カルビンとの距離はかつてないほど近くなった。関係が断絶していた暗黒の日々は、もう過去のものだ。成長しておとなになった二人は、ものごとを冷静な目で分析できる。母親と父親、それぞれの立場から、結婚生活が終わった事情を理解できるようになった。完璧ではない両親を許してくれたのだ。

現在はアンドレもカルビンも犬を扱う職業についていて、それぞれテレビの仕事にも関わっている。父親と同じ立場になってみて、父さんから学べることがあるとようやくわかったようだ！　二人がまだ小さくて、僕の人生がバランスを失っていたときより、二人と過ごす時間はずっと長い。

僕は婚約者のヤイーラと出会ったことで、おたがいを支えあう対等な関係がどういうものか理解できた。いまは最初の結婚生活を穏やかな気持ちで振りかえることができるし、僕と前妻が幸せになれなかった理由もよくわかる。自分だけでなく、相手の視点でものごとを見られるようになって、僕は少しずつ過去を手ばなしている。

人生のバックミラーには、まだ決別できていないつらいできごとがいくつか映っている。それでも犬たちが過去の傷を乗りこえ、許しを通じて平穏とバランスに到達する姿を見ると、自分も祝福され、励まされていると感じる。ローズマリーやポパイが身をもって示した教えは、昨日より今日、今日より明日と少しずつ僕を前進させ、人生のあらゆる面で許しを実践できる境地に導いてくれるはずだ。

犬に学ぶレッスン　その5

許しの心を手に入れるために

・犬になったつもりで過去の痛みを振りかえる――いまこの瞬間の喜びを最大限に味

わっていたら、過去は色あせて見えるはず。

- 恨みを募らせることは、自分が毒を飲んでおきながら、別の誰かが死ぬのを待っているようなもの。恨みをためこんで傷つくのは自分だけだ。でも〝許す〟という選択肢がある。
- 自分をひどい目にあわせた相手に感情移入してみよう。相手の視点で世界を見れば、その行動が理解できるかも。
- 許しは自分への贈り物。誰かに謝罪やつぐないを求めても、期待どおりにはならない。全部自分で引きうける覚悟を決めれば、人生から負の要素を追いだすことができる。
- いまという瞬間を、迫力満点の映画を見るように味わいつくし、祝福しよう。お手本は犬たちだ。目覚めているすべての瞬間を強烈に体験することにかけては、彼らの右に出るものはない。

Lesson
6
知恵

人生の目的は、幸福になることではない。人の役に立ち、尊敬され、共感を惜しまない。そうやって、漫然と生きただけか、良く生きたかのちがいを示すことだ。

――レオ・ロステン（米国の政治学者・作家）

誰にでも、より良い人間になれるよう導いてくれた恩人がいるはず。学ぶ喜びを教えてくれた教師、難しい思春期に道を示してくれた親、フィールドで自信をつけさせてくれたコーチ……。お手本、ヒーロー、ロールモデルと呼びかたはどうあれ、その人は自分の心や記憶、思考に特別な位置を占めていて、理想の人間像を形づくっている。

僕の特別な恩人、それは**ダディ**だ。大きな身体で気がやさしい赤鼻のピットブルで、一六年間にわたって僕の右腕を務めてくれた。テレビ番組が始まるずっと前から、バランスを崩した動物たちのリハビリをともに行なってきたのだ。ダディは僕の助手、相棒とも言われたが、そんな呼びかたはあまりに申し訳ない。トラブルを抱えた犬を理解することにかけては、ダディこそが真の「ドッグ・ウィスパラー」であり、僕なんて彼の弟子に過ぎなかった。

犬でも人間でも、ダディは出会ったどんな相手にも心を寄せ、手を差しのべることができる。そのたぐいまれな能力は、後にも先にもダディ以外に見たことがない。ダディが死んでもうすぐ七年になるけれど、いまも彼は僕のヒーローで、僕の心と魂にはダディの存在が息づいている。ダディのようにバランスが取れて、寛大で、親切で、倫理的な人間になりたいが、ハードルは高い。

お行儀が良い犬、頭の良い犬、温厚な性格の犬はたくさんいるけれど、ダディはそのすべてを備えている。大げさだと思われるかもしれないが、ダディは魂の師匠だ。僕だけでなく、彼と接したことがある人はみんなそう感じたはず。歴史を振りかえれば、偉大な指導者はたくさん存在したけれど、彼らの真髄を一匹の犬に集約した存在、それがダディだ。小柄だけどがっしりした一匹のピットブルは、時代を超えた叡智を伝えるためにこの世に生まれてきたにちがいない。

愛と忠誠心に言葉はいらないことをダディは教えてくれた。それだけではない。はるか高みに輝く新たな目標――真の叡智に到達すること――を、僕に示してくれた。

知恵は知識を超える

知恵とひとことで言っても、解釈はいろいろだ。ダディが教えてくれた知恵は、知性が豊かとか、幅広い知識があるといったことではない。世間では頭が良い人は知恵があると思われているが、そういう意味でもない。

頭の良い人は多くのことを知っているし、情報に精通している。知性的と呼ばれるには、頭が良いことが条件だ。でも知恵のある人が使うのは、本能や人生経験に根ざした奥深い知識だ。知恵という言葉を辞書で調べると、「真偽や善悪を正しく見きわめ、判断できること」という意味が出てくる。そう、大切なのは見きわめと判断なのだ。

この定義に完璧に当てはまるのがダディだ。

知恵はたくさんの要素でできている。生来の特徴や個性、習慣もあれば、あとから身につけた教訓もある。豊富な知識が含まれていることもあるけれど、かならずしも必要というわけではない。知恵を得るためにぜったい欠かせないのが人生経験だ。さらに言うなら、良い悪いに関係なく人生から学ぶこと。自分の挫折や苦悩を受けとめ、それを人生の教訓に昇華できるかどうか。知恵を手に入れる旅はそこから始まる。

ダディとピットブルへの偏見

もともとダディの飼い主は、レジナルド・〝レジー〟・ノーブルだった。ラッパー、DJ、音楽プロデューサー、俳優のレッドマンと言ったほうがわかりやすいだろう。生後四カ月のピットブルの子犬をブリーダーから手に入れたレッドマンは、トレーニングに協力してほしいと僕に依頼してきたのだ（子犬の名前は「LAダディ」だったが、僕が縮めた愛称で定着した）。ロサンゼルス、サウスセントラルにあるレッドマンの倉庫兼スタジオに呼ばれたのは、一九九五年はじめのことだった。

その日のことは、いまでもはっきり覚えている。ちょうどミュージックビデオの製作中で、セットのまわりで撮影機材や小道具を運ぶスタッフが行ったり来たりしていた。アシスタントディレクターが大声で指示を出し、隅のほうでは出演者のラッパーやダンサーたちが練習に余念がない。レッドマンが座るディレクターチェアの足元で、周囲の大騒ぎにもわれ関せずで座っていたのが、一匹のピットブルだった。体重は一〇キロ弱、赤みがかった毛のがっしりした身体に、不釣り合いに大きな頭がのっかっている。断耳手術が終わったばかりだった。

騒々しくて落ちつかないスタジオでも、ダディは穏やかなエネルギーを保ちつづけている。でも僕は、その立派なたたずまいにためらいと軽い不安も感じとった。この性質は犬にとって諸刃（もろは）の剣だ。健全な警戒心を持つ犬は穏やかで、ほかの犬から尊重され、自分の身も守ることができる。でも警戒心が強すぎるとおびえて何もできないし、恐怖心から攻撃的になることもある。

良心的な飼い主はこの世に大勢いるが、レッドマンもそのひとりだ。賢くて思慮ぶかい彼は、ダディの保護者として社会に責任を持つべきだと考えた。社会性が育っていないピットブルが悪さをしでかし、飼い主として訴えられた友人や仲間を見ていたからだ。自身や家族のために、そしてもちろんダディのためにも、そんな事態は避けなくてはならなかった。

攻撃性がなく、従順で、誰かに危害を加えたりしない犬。訴えられる心配なしにどこへでも連れていける犬。ダディにはそんな犬になってほしいとレッドマンは考えた。彼のマネージャーも、ダディが人を噛んだときの法的責任を口を酸っぱくして説いた。

レッドマンはダディのことを愛していた。ただダディを飼いはじめたとき、彼自身はスターへの道を駆けあがっている最中で、ツアーでしょっちゅう家を空けていた。レッドマンは、自分が留守のあいだダディを預かって、集中トレーニングをしてくれないかと僕に持ちかけた。

僕は依頼を受けた。連絡先をレッドマンに渡してなにげなく振りかえったら、ダディの落ちついた緑色の瞳が、何かを探すように僕を見ていることに気づいた。そのとき、僕の背筋に震えが走った。生まれたときから彼を知っているような感覚に襲われたのだ。「ダディ、行くよ」そのひとことで、彼は静かに僕のあとを歩きだし、スタジオの外に出た。それがダディと僕の長い旅の始まりだった。

ダディと僕が出会い、特別な友情を築くことができたのは、何か理由があったからにちがいない。彼と僕の魂は深い絆で結ばれていて、それはダディが世を去ったあとも、僕が死ぬまで続くだろう。

教師が生徒になった

僕がトレーニングを引きうけたとき、ダディは生後四ヵ月だった。子犬の精神形成を始めるのにちょうどいい時期だ。だが失敗は許されない。ダディは好奇心が強く、新しいことに積極的で、受容力が高かった。これは生まれながらの特徴で、人間があとから教えこめるものではない。ただ、ひとつだけ弱点があった。自分に自信がなく、少しばかり慎重すぎるのだ。そこでトレーニングでは、初めての状況や課題に挑戦させることで、自尊心を伸ばすことにした。僕とダディだけで、あるいはパックもいっしょにいろんな場所に出かける――砂浜、山道、露店が並ぶにぎやかな通り。そのほかにも、命令に従う訓練や身辺警護の訓練、匂い当てゲームなど、いろんな趣向のトレーニングもやってみた。ダディは新しいことに挑戦するたびに、恐怖心を乗りこえていった。

内心は怖くてたまらなくても、安全地帯からあえて自分を外に押しだす。僕自身の人生を振りかえっても、そんな挑戦があったから人間として大きく成長できたと思う。ダディもそんな経験を積むうちに、独立心と自信が芽ばえてきた。それと同時に、ダディと僕の絆もますます強くなっていった。

犬は生後九～一〇ヵ月で〝子犬時代〟が終わり、それから二歳ぐらいまではやん

謙虚で賢いダディの存在は、人生の荒波を静める力があった。
ダディこそほんものの「ドッグ・ウィスパラー」だった。

ちゃな思春期だ。ダディも怖がりだった子犬を卒業すると、プライドがやたらと高くなって、挑戦されるとむきになる時期がやってきた。虚勢を張るあまり、パックのロットワイラーたちと軽いとっくみあいになることもあった。この時期には、状況に逆らったりせず、その場から離れるのが正しいやりかただと教えなくてはならない。プライドを暴走させないことが大切なのだ。

僕はダディに、衝突を避けるための基本テクニックを教えた……少なくとも最初はそうだった。ところがダディは、学んだことを一段高いレベルに発展させるようになった。そうなると、まるで僕が生徒で、ダディが教師だった。

ダディは二歳になるころには、ほかの犬にけんかをふっかけられても平然とそしらぬ顔ができるようになった。その場にじっとして動かないか、相手を無視して顔をそむけ、歩いていってしまう。ハイスクールでたまに見かける、級友たちのいさかいを気にもとめない生徒のようだ。しかもダディは、自分が一歩下がることで一触即発の風船から空気が抜けて、緊張がやわらぐことを本能的に知っているようだった。

ドッグ・サイコロジー・センターで、パックの新入りの犬がダディにつっかかったことがある。ダディは面倒なやつははじめから存在しないとばかりに、平然と歩いていった。その姿を見たとき、僕の頭のなかの電球に光がともった。「放棄」という行動に深い意味があることがとつぜん理解できたのだ。

放棄することとは、現実的であるだけでなく、立派な選択だ。対立を放棄すれば、自らの望ましい性質が表面に上がってくる。他人の思惑や不利な状況に引きずられ、コントロールされることがないので、自然と自分の力を発揮できる。反対に、プライドを守ろうとするあまりけんか腰になったり、言いかえしたり、傲慢に抵抗したりしていると、本来の自分の良さは底に沈んだまま、力を相手に奪われることになる。

いかつい外見のダディだが、自分から争いを起こしたことは一度もない。つねに忍耐強く、穏やかで、対立を解消する側にいた。ダディは汚れ(けが)のない、気高い性質の持ち主で、無垢(むく)と叡智がひとつの魂に同居していた。ダディと過ごすようになってわず

セレブの顧客ファイル

ホイットニー・カミングス

女優、スダンダップ・コメディアン、作家、プロデューサーと幅広く活躍するホイットニー・カミングスは、波乱に満ちた人生で犬から多くのことを学んだ。なかでも愛犬であるピットブルのラモーナは、大切な知恵を授けてくれたと話す。「ピットブルを飼っていると、人間観察ができる。ピットブルを見たときの反応で、相手がどんな人かわかるの。犬という嘘発見器を連れて歩いているようなものよ」

ホイットニーが良からぬ相手とつきあおうとすると、ラモーナは警告を発するそうだ。「この子は私の鏡なの。私をだまそうとする男、あるいは相性が悪い男を一発で見ぬいて、私がそういう男といたら、せわしなく吠えたてる」ラモーナの判断はいつも正しい。「人間は賢いけど、犬は頭が良くない――私たちはそう思いがちだけど、とんでもない。犬は筋道だててものを考えられるし、状況を直感的に理解している。人間は年をとるにつれて傲慢になり、自分より上の人間からしか学ぶことはないと思ったりするけれど、それはまちがい。今日にでも弟子入りできる先生は三人いる――赤ちゃん、ミツバチ、そして犬よ」

か一年で、僕は確信した——足元に寄りそうこの犬に、たぐいまれな精神が宿っていることを。

子犬のころは不安そうだったダディも、成長とともにめきめき自信をつけていった。そして完全な成犬になる前から、世界に愛され、賞賛される威厳を早くも漂わせていた。

パックの一員として

ダディを預かって訓練するのは、最初は数カ月だけの予定だった。けれども数カ月があっというまに数年になる。一九九〇年代のレッドマンは、目を見張る活躍ぶりだったのだ。〈デア・イズ・ア・ダークサイド〉（一九九四）、〈マディ・ウォーターズ〉（一九九六）、〈ドックス・ダ・ネーム〉（一九九八）とアルバムが三枚立てつづけに大ヒットした。二〇〇〇年以降は、ヒップホップのメソッド・マンと組んでツアーを回り、映画でも共演した。自宅にめったに帰れなくなったレッドマンだが、ダディとの特別な絆と愛は少しも色あせなかった。数日だけ戻ってこれるというときは、僕はかならずダディを連れてレッドマンの家を訪ねた。ダディは彼を見た瞬間、全身が波うつほど尻尾を激しく振った。それからレッドマンが次の仕事に行くまでのあいだ、ダディは彼と水入らずで過ごすことができた。

それ以外のときは、ダディはドッグ・サイコロジー・センターで生活し、僕のパックの一員として過ごした。ダディは支配的な性格ではなかったけれど、相手を萎縮(いしゅく)させない穏やかな態度で、すぐにほかの犬たちの敬意と友情を獲得した。

ダディの持つ「才能」に僕が気づいたのは、彼が来て三年ほどたったころだった。新しい犬がやってきて、おびえたり、不安がったりしていると、ダディがそばにやってくる。すると犬はたちまち緊張がほぐれるのだ。やたらとけんか腰な犬が入ってきて、パックに不穏な空気が流れて安定まで脅かしかねない犬でも、僕が対応する前にダディが落ちつかせた。犬どうしのどんな状況にも対応できて、誰も傷つけるつもりがないことを、持ち前のエネルギーとボディランゲージで表現できる――ダディにはそんな才能があった。秩序を乱す犬も、「頭を冷やせ。だいじょうぶだ」と犬の言葉で落ちつかせる。僕はいつしかダディの反応や選択を観察し、ダディのふるまいをお手本にして犬たちに接するようになった。扱いに手こずる犬には、それがとても効果的だったのだ。

ヒューマン・ウィスパラー

ダディは犬だけでなく、人間の特徴や本質を理解するのもうまかった。犬のことは直感でわかる僕だけれど、ダディは人間に対しても感情移入の能力を惜しみなく発揮できる。それはうらやましいほどだった。

ダディは人を見る目がある。相手の人柄を知るうえで、ダディは正確無比なものさしの役割を果たしてくれた。僕はビジネスミーティングの場にダディをよく連れていった。出席者のなかには、ダディが近づこうとしない、あるいは無視を決めこむ人もいる。そうかと思うと、礼儀正しく近づいて匂いを嗅ぎ、仰向けになってお腹まで見せる相手もいた。僕はそんなダディの反応をもとに、相手とあえて距離を縮めなかったり、反対に積極的に関わったりしていた。どんなにとりつくろっても、ダディには相手の本心がお見通しだったのだ。

忍耐、共感、寛大さ

ともに歩んだ一六年間に、ダディは知恵の何たるかをひとつずつ、手とり足とり教えてくれた。

ダディは〈ザ・カリスマ ドッグトレーナー〉でも活躍して、
ファンに愛され、熱い支持を集めた。

最初に教わったのは忍耐だ。ダディは成犬になる前から、自分より小さい犬、年齢が低い犬にはとても忍耐強かった。そのころドッグ・サイコロジー・センターには、イタリアン・グレイハウンドの子犬、リタとレックスがいた。元気と悪ふざけのかたまりみたいな二匹は、ダディの身体によじのぼって遊んだり、寝るときはお腹にもぐりこんだりとやりたい放題だったが、ダディは一度もいやなそぶりを見せなかった。

共感の大切さもダディが教えてくれた。いまの社会は競争が激しい。食いぶちを稼ぎ、家族を養うのにみんな必死で、ほかの人たちの努力や苦労にまで思いが至らないのが現実だ。

でもダディは子犬のころから、人や犬の感情に敏感で、とくに傷ついている相手を放っておけなかった。問題を抱えた犬がセンターに連れてこられたとき、大歓迎でパックの仲間に入れてやるのがダディだった。自分の助けが必要な者に、自然と引きよせられるのだ。パック内で浮いている犬がいたら、ダディがまるでホストになったみたいに、先頭切って迎えいれてやった。体調の優れない犬がいたら、静かに過ごせるようダディがはからってくれた。

ダディは持ち前の共感力を、人間にも大いに発揮した。家族やスタッフの誰かがつらい目にあったり、悲しんだりしているとき、ダディはすぐに察知する。そして近寄って足元にどっかり座りこむ。ときには仰向けになり、お腹をなでさせて相手の気持ちを「癒やそう」とした。落ちこんでいる人がいたら、ダディはわき目も振らずに直行し、尻尾を振って鼻をすりつけ、顔をなめるのだ。生前のダディを知っている人たちは、彼の存在に慰められたという話をいまでも語る。会えばかならず気分が明るくなって、元気が出る。そんなダディは、生まれながらに癒やしの力を持っていた。

ダディが身をもって示した寛大の精神もまた、知恵を構成する重要な要素のひとつだ。ダディはどんな人や犬にも、温かく、好意的に接した。相手の性格や意図を鋭く見ぬき、判定するダディだが、疑いの目や悪意を向けたりすることは決してなかった。慎重で、敬意を忘れず、心を開いて向きあおうとする。相手のよこしまな心に気づいたら、さりげなくその場を離れるだけだった。

もちろん、大切な人や犬には全力で尽くそうとする。どこまでも与える側なのだ。毎朝、ダディは僕や家族にお目覚めの贈り物を持ってきてくれた。靴の片方、Tシャツ、ぬいぐるみなんかをくわえて、気持ちのこもった緑の瞳で僕たちが気がつくのをじっと待っている。贈り物を無事渡すことができたら、朝の儀式は終わり。ダディはぴんと立てた尻尾を誇らしげに振りながら、その場を去るのだ。

科学の窓から

犬の共感能力

行動科学で共感や協力が研究されるようになったのは最近のことだ（それまでは攻撃や競争の研究が中心だった）。人間社会にかぎらず、生き物が繁栄するかどうかは、他者とうまくやれることが決め手になる。そこで研究者は、犬の共感能力にも注目している。

近年の数多くの研究から、犬の共感能力（とくに人間に対する）には、進化上の大きな利点があることが確かめられている。英国の王立協会が刊行する科学雑誌『バイオロジー・レターズ』に、二〇一一年に行なわれた複数の研究を分析した報告が掲載されているが、その内容は以下のようなものだった。[8]

・犬は飼い主のストレスに反応して、否定的な情動が喚起される。

・犬は人間のあくびにすばやく反応する（人間どうしの「あくびの伝染」は、共感レベルの上昇に結びついている）。

・親しい人間が嘆いているふりをすると、犬は動揺する。これは犬が「同情的配慮」をしていることを強く裏づける。

・訓練を受けていない犬でも、人間の緊急事態を敏感に察知し、助けを呼ぶ行動をとることもある。これは犬が共感的な視点を獲得していることを示している。

この報告の筆者らは、犬と人間の共感的関係を客観的に把握し、理解するには継続的な研究が必要だと強調している。最近では、治療目的で新しい役割を与えられる犬も増えており、私たちには、人間だけでなく犬の精神的な幸福を守る責任も求められている。

ほんとうのドッグ・ウィスパラー

ダディが僕のパックに加わって七年ほどたった二〇〇四年、テレビ番組〈ザ・カリスマ ドッグトレーナー～犬の気持ち、わかります〉の撮影が始まった。僕は最初からダディを参加させようと決めていた。このねらいは大当たりで、ダディは視聴者の人気をひとり占めする勢いだった。それまでメディアに登場したピットブルのなかで、いちばん良い印象を与えたはずだ。

「狂暴」というレッテルを貼られることが多いピットブルだが、ダディは正反対だった。番組でダディを見た視聴者は、困った状況を冷静に把握し、対処方法を示すその姿に、賢人とか導師といった言葉を連想したにちがいない。

ダディはどんなに弱く、愚かな相手に対しても、無限の忍耐力を発揮した。彼の身体には、悪い成分がみじんも入っていないのだ。ゆるい甘噛みであっても、歯を立てたことなど一度もない。たいていの犬は、追いつめられるとわが身を守るために牙をむく。でもダディは別だ。落ちつきはらった存在感と尊厳でその場の緊張をやわらげ、窮地を脱していたにちがいない。

僕はダディのことを、「ピットブル大使」と呼んでいた。見た目こそこわもてだけど、どんな場に連れていっても大丈夫だし、どんな人とも打ちとける。わが家でも、家族がぎくしゃくしているときにダディが部屋に入ってくると、なぜか空気がなごむのだ。初対面の人と話がはずまないときは、大きな頭と身体からは予想もつかない、ダディの温和なたたずまいが会話のきっかけになった。仕事の場でも、プライベートのときでも、ダディが加わって雰囲気が悪くなることは皆無だった。

ダディは〈ザ・カリスマ ドッグトレーナー〉の多くのエピソードに出演した。攻撃性が強く、恐怖におびえた犬のリハビリが、ダディの真骨頂だ。僕はリハビリの方針に迷ったとき、ダディを問題の犬と会わせてみた。どんな犬でもダディならぜったいにけんかにならないし、相手が逃げだすこともない。ダディはつねに冷静に状況を評価して、直感で正しく対応する。僕はそれを参考にして、リハビリ戦略を練っていった。もちろん、ダディの判断は一〇〇パーセント正しかった。

犬はなぜ知恵を発揮できるのか

- **犬は心を開いたまま、いまの瞬間を生きている。いま起きていることにしか影響を受けないから、どんな経験もありのまま、明確に見ることができる。**
- **犬は感情移入ができる。鋭い嗅覚でエネルギーを正確に感知し、相手の感情や苦し**

みをただちに理解して、バランスの取れた状態に戻してやろうとする。

・犬はコミュニケーションの名手だ。匂い、エネルギー、ボディランゲージを駆使して会話をする。人間のほうが注意を払いさえすれば、犬の言いたいことはきちんと伝わる。

・犬は観察力がある。人間よりはるかに鋭い五感で、周囲のあらゆることに注意を払っている。自己中心的な世界観しか持たない人間より、はるかに大量の情報を処理している。

・犬は偽ることをしない。愛するときは無条件に愛を注ぎ、ありったけの心を捧げ、すべてを許す。だから相手の最も良いところだけを見て、その真価を知ることができる。

ダディ、病に倒れる

ダディが一〇歳になったころだ。友人で獣医のキャスリーン・ダウニングが、飼い犬のことで困っているというので、ダディとともに訪ねていった。このときダウニングはダディのかすかな異変に気づいた。一週間後、診察を受けたダディは前立腺にしこりがあることがわかった。生検の結果は悪い知らせだった――ガンだ。

最初僕はどうしていいかわからなかった。手元にいる犬たちの世話には心を尽くしているが、ダディは特別な存在だ。知らせを受けたレッドマンも同じ反応だった。

「こんなすばらしい犬が、なぜひどい目にあわなきゃいけないんだ？」

ダウニングは治療方針を説明してくれた。費用は少なくとも一万五〇〇〇ドルで、しかも治る保証はない。でも犬を飼っている人ならわかるだろう。愛犬の命を救うためなら、お金なんて問題じゃない。僕はただちに治療を始めることにした。

二時間の化学療法が計一〇回行なわれ、僕はずっと付きそった。幸いダディは吐いたり、だるそうにすることはなく、いつもより眠りが長くなったぐらいで治療を乗りきった。苦痛や不快感を表さないダディの我慢づよさは立派だった。僕のためにつらさを見せまいとしていたのだ。「心配いらない。なるようになるさ」と言っているようだった。

僕もダディを見習って、何ごともなかったようにふるまった。病気のことは、信頼できる限られた友人や同僚にしか伝えなかった。多くの人が悲しんだり、憐（あわ）れんだりすると、うしろ向きの弱々しいエネルギーがダディに降りそそいで、治るものも治らなくなってしまうからだ。

ダディは睾丸(こうがん)を摘出することになった。手術が終わり、獣医はもう心配ないと言ってくれた。まもなくダディは〈ザ・カリスマ ドッグトレーナー〉にも復帰した。つらい治療に耐えたダディは、病気をする前よりさらに賢くなった印象だった。

正式な関係

ダディはほとんどの時間を僕のもとで過ごしていたけれど、正式な飼い主がレッドマンであることに変わりはなかった。レッドマンは、ダディのように完璧な犬を手ばなしたくなかったのだ。いずれダディの子どももほしいと思っていたから、去勢手術もずっと拒否してきた（もし去勢していれば、前立腺ガンにならずにすんだはずだ）。僕たち人間は忘れがちだが、犬の時間はあっというまに過ぎていく。ダディがガンになって僕は気づいた。僕たちはもう一〇年もいっしょにいるのだ。いまさら離れられるはずがなかった。

レッドマンはダディを心から愛していたけれど、僕に正式に譲ることに同意してくれた。それがダディにとって最善だとわかったからだ。ニュージャージー州ニュー

ドッグ・サイコロジー・センターでのダディ（右から三番目）。
どんなに手こずる犬も、ダディのおかげですんなりパックの一員になれた。

アークのストリート育ちで、めったなことには動じないレッドマンだが、譲渡契約書にサインするときは恥も外聞もなく涙をこぼした。その後もレッドマンは、ダディが世を去るまでたびたび会いにきてくれた。僕にダディを譲るというレッドマンの寛大な判断には、感謝してもしきれない。ダディは僕たち二人にとって大切な犬だった。彼が僕のもとで過ごすことになって、レッドマンも心から安堵（あんど）したにちがいない。これもまた、ダディのなせるわざと言えるだろう。ダディは周囲の人間から、私欲を捨てた純粋な知恵と愛を引きだすことができる。たとえ心が痛みを覚えたとしても、もっと大きな善のために行動しよう——そんな難しい決断が、最も正しい決断だったりするのだ。

「ピットブルのダディは、いまや僕よりビッグなスターだ」レッドマンは二〇〇七年、ウェブサイト「A・V・クラブ」のブログにそう書いた。[9]「なにしろオプラ・ウィンフリーの番組に出たんだからね！　僕のもとを巣立ってから、こんなにブレークしたんだ。最高にうれしいじゃないか」

> 犬を飼う。それは、何世代も前から続く犬の過去と知恵を受けつぐということ。
>
> ——エックハルト・トール（ドイツ生まれのスピリチュアル著作家）

年齢と知恵

ダディの知恵は、年齢と経験とともに深みを増していった。いまでもよく覚えているのが、〈ザ・カリスマ ドッグトレーナー〉の最後のほうのシーズンで、バイパーというベルジアン・マリノアを担当したときのことだ。バイパーは優れた才能を見こまれて、特別な訓練を受けていた。それは、刑務所で受刑者がひそかに持っている携帯電話（小さな部品も含めて）を見つけだすというものだ。

ところが、あるときバイパーは威嚇してくる受刑者を怖がりはじめた。その恐怖心が人間への不信感に発展して、ついには任務が遂行できなくなった。人が近づくと固まったり、逃げだしたりするのだ。生まれてから八ヵ月間は木箱を寝床にしていたこともあって、安全な木箱に逃げこんで、外の世界から身を隠そうとしていた。

ダディと僕はバイパーに会いにいった。そこはバイパーのような特殊任務犬を訓練するために刑務所を再現した施設だった。担当の訓練士は、貴重な才能を持つ犬を立ちなおらせたいと切実に願っている。まずは状況把握ということで、ダディはロケバスで待たせ、僕ひとりで行くことにした。

僕が施設に入ると、バイパーはもうテーブルの下に隠れていた。おやつで誘っても、訓練士がなだめても頑として出てこない。カメラはもう回っているのに、どうしよう。こんなときはダディに「アドバイス」をもらおう。僕がロケバスのドアを開けると、ダディはじっと待っていてくれた。

このときダディはもう一五歳。関節炎と膀胱（ぼうこう）炎をわずらい、視力も落ちていたが、僕の指示は不要だ。行き先さえ伝える必要はなかった。初めての場所だったにもかかわらず、ダディは玄関を通りぬけ、監房が並ぶ廊下をすたすたと進んで、めざす部屋に入っていった。そしてテーブルの下にもぐりこみ、バイパーの鼻に自分の鼻先を

セレブの顧客ファイル

キャシー・グリフィン

コメディー女優のキャシー・グリフィンが、ステージ以外で情熱を注いでいるのが犬の救済活動だ。とくに、もらい手の少ない高齢犬に救いの手を差しのべている。キャシーの母親は九四歳にしてなおかくしゃくとしており、母親から多くの知恵と洞察を学んだという。

「九〇歳未満の人間なんて退屈でつきあってられないというのが、私のお得意のジョークよ。だって九四歳の母は頭が冴えわたっていて、ゲイの人に初めて会ったこととか、公民権という言葉をいつ知ったとか、とにかく話がおもしろい。二つの世界大戦を生きぬいただけに、人間の厚みがちがうのね」

「ほかの人がほしがらない高齢犬が好きなのも同じ理由だと思うわ」とキャシーは続ける。「高齢犬は子犬にはない豊かな情感をたたえているの。これまでに八歳以上の犬を四匹受けいれたけど、年齢とともに心が広くなって、温和になるのは人間と同じじね」

くっつけた。

たったそれだけで、バイパーはテーブルから出てきた。さらにダディは、僕が信頼できる人間であることを自らの態度で教えてやった。僕も訓練士もできなかったことを、ダディはあっさりやってのけたのだ。ダディのおかげで、僕はバイパーに人間を信じることを少しずつ教えることができた。数週間後、バイパーは任務に復帰することができた。

その日、〈ザ・カリスマ ドッグトレーナー〉のスタッフはみんな無口だった。ダディの知恵の真髄に触れ、言葉もなかったのだ。

その日、ダディは鼻先の触れあいひとつで、一匹の犬を救ったのだ。

年長者を敬いなさい——人も、犬も

ダディは、人間でいうと一〇五歳ぐらいまで〈ザ・カリスマ ドッグトレーナー〉の仕事を続けた。年長者を敬えと教えられて育った僕には、最高に幸福なことだ。僕の祖父も一〇五歳まで生きたが、豊かな知恵で家族や地域の人びとの尊敬を集めた。白い鼻のダディも、おぼつかない足どりで興奮した犬に近づき、気持ちを静めて、どうふるまうべきか教えていた。それを目の当たりにした人は、老犬に抱いていたそれまでの印象ががらりと変わるのだった。

高齢犬と暮らすということは、この世でいちばん鋭い洞察力を持ち、共感力に優れ、博識の生き物と生きる機会に恵まれたということ。高齢犬を飼っている僕のクライアントたちも、口をそろえてこう言う――老いた犬は「すべてを心得て」いて、年齢とともに情愛あふれる伴侶になってくれると。

高齢犬には、こちらが多くを与えれば与えるほど、多くを返してくれる。これもまた知恵のひとつだ。

愛する犬たちの老いをたくさん見届けてきた僕だが、ダディとは特別な時を過ごした。僕たちは、おたがいが何を感じ、考えているかすべてわかった。肩の力を抜いたまま二人でひとつになり、いわゆる「フロー」の状態でいることができた。あれほど深い結びつきは経験したことがなかった。

僕はダディを愛していた。ではダディは僕を愛してくれただろうか?

もちろんだ。

老犬に愛される人は幸いである。

――シドニー・ジーン・スワード(『犬のファイル』の著者)

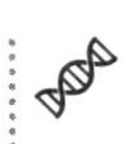

科学の窓から

愛の化学反応

うちの犬がほんとうに私のことを愛しているか、どうすればわかりますか？　クライアントからそう質問されるたびに、僕はこう答えるしかない。「あなたは、自分が誰かを愛していることをどうやってわかるのですか？」でも幸いなことに、科学がもっと良い答えを教えてくれる。

愛は社会的動物に不可欠な情動だが、犬と人間は、同じ種類の愛を共有しているようだ。二〇一五年に日本で行なわれた研究で、犬と飼い主がじっと見つめあうとき、両者の脳内でオキシトシン濃度が上昇していることがわかった[10]。オキシトシンは「愛情ホルモン」の別名があり、母子が心を通いあわせたり、おとながセックスをするときに分泌される物質だ。犬と人間の関係も、オキシトシンによって愛着が強まっているのである。

神経科学的には、犬が飼い主に寄せる愛情は、母親が赤ん坊に、夫が妻に抱く気持ちと同じということになる。言いかえれば、配偶者や子どもを愛するのと同じように犬を愛せるということだ。

もちろん、愛は化学物質の働きだけでは説明できない。それでも犬の愛は「実在」するもので、しかも純粋でシンプルであることがわかる。米デューク大学で動物認知を研究するブライアン・ヘアの言葉を借りるなら、「犬が飼い主を見つめているとき、それは目で抱きしめているのと同じ」なのだ。

知恵は不滅

ダディは老いるにつれていっそう穏やかになった。年をとって身体が小さくなる犬もいるけれど、ダディのたたずまいと知恵はますます立派になった。

番組の制作オフィスには、ダディ宛てに世界中のファンから手紙や贈り物が配達されてきた。その数は僕よりずっと多くて、専用のテーブルを用意しなくてはならないほどだった！　ダディの写真やサイン代わりの「足形」がほしいという希望はひきもきらない。そしてお手製のおやつや手づくりのプレゼント、写真に加えて、ダディに触発されて視聴者が描いたスケッチや絵、さらには彫刻まで届いた。なかでもおかしかったのは、ダディが登場するたびにテレビに釘づけになり、興奮する犬たちを映したビデオだった。教会でダディを祝福するミサが行なわれたという話は何度も耳に入った。ダディが特別な犬であることは、世界中に知れわたっていたのだ。

僕のパックはすばらしい犬ぞろいだけど、ダディはどこがちがっていたのか？ その答えはもうおわかりだろう――知恵だ。知恵を備えたダディは、生まれながらのリーダーとなった。ノースカロライナ州で撮影していたとき、湾岸戦争で手足を失い、入院している帰還兵を訪ねたことがある。ダディと僕が病室に入った瞬間、兵士たちがダディに敬意を払い、ダディも彼らに尊敬の念を抱くのがわかった。

兵士たちにとってダディは同胞だったのだ――大きくて、強くて、気高い英雄である。ダディの登場で兵士たちの心が一気に高揚したし、国の英雄たちに賞賛の念を向けてもらえて、ダディ自身も誇らしげだった。病室にいた兵士全員が、ダディと写真を撮りたいと言ってくれた。

その様子を見ている僕は、兵士たちが国のために払った犠牲を思うと胸が締めつけられるようだった。彼らの多くは車椅子(いす)生活を余儀なくされ、帰還後に友人や家族に去られた者もいる。彼らが負傷した経緯を知り、手助けをしたいと強く願った。でもそれは結局のところ、悲しみや欠落感といった負の感情を発散しているだけだった。

ダディはそうではない。兵士たちの身に降りかかったことはすでに過去であり、ダディが気にかけてもしかたのないことだった。身体の一部や、大切な人を失ったことも、ダディは気にも留めない。いま彼らといられることがダディの幸せだった。ダディは兵士たちを英雄と認め、彼らの精神だけをまっすぐ見ていたのだ。

ダディは世界中の人の心を動かした。海外に積極的に出るようになったのはダディが死んでからなので、アジアと欧州のみなさんがダディと直接触れあえなかったことは残念だ。いまでも各地を訪れるたびにダディの話題が出るし、お気にいりのエピソードを熱心に語ってくれるファンも多い。そのたびに僕は、犬を助け、人に教えるとはどういうことか、ダディは深いところで理解していたと感心するのだ。

ダディの業績はもうひとつある。それは攻撃的で残忍だというピットブルの印象を塗りかえて、平和を好む愛情豊かな犬であることを世間に示したことだ。ダディのがんばりのおかげで、このメッセージはようやく浸透しつつあり、いまは同じ役割をジュニアが引きついでいる。ピットブルは美しく、賢くて、忍耐力がある穏やかな犬だ。彼らは人間の冷酷さの犠牲になったに過ぎない。僕はそのことを世界に訴えるためにも、これからもピットブルをずっとそばに置いておくつもりだ。

彼は無条件に愛するすべを、与えることと受けとることを教えてくれた。それさえできれば、パズルの残りのピースは全部はまる。

――ジョン・グローガン『マーリー　世界一おバカな犬が教えてくれたこと』

さよならのとき

ガンを克服したあと、力強く一日一日を生きていたダディだが、時の流れは無情なものだ。一五歳になったダディは、はたから見てわかるほど老いの影が濃くなっていた。パックの犬たちに混じって走ったり、テレビ番組の撮影で僕の助手を務めたり、僕のセミナーで人気を独占したり……これまで何の苦もなくやってきた活動が、少しずつ負担になってくる。関節炎のせいで股関節の動きが悪く、目も耳もすっかり弱くなった。それでも気持ちはしっかりしていて、落ちついた物腰と気高さは少しも変わらなかった。

その後もダディの体調は悪くなるいっぽうで、とうとう歩くこともできなくなった。排尿のコントロールも難しくなって、最後の尊厳も失われた。ダディは自分の寝床で、一日中眠っていることが多くなった。それまでのような生活に戻ることは、もうかなわない。最後のときが近づきつつあった。

ダディは穏やかで取りみだすことがなく、大好きな人が来ればうれしそうに尻尾を振る。でも実際は、耐えがたい苦痛に襲われているはずだと獣医は言った。痛みに耐えるダディは立派だけれど、これ以上苦しませるのはしのびない。犬は旅だつとき、もし手助けが必要ならばかならず教えてくれる。僕はそう信じていて、いまがそのときだと了解した。

つらい決断をしたその日、僕はレッドマンとジェイダ・ピンケット＝スミスに連絡した。二人は飛んできて、ほかの友人や隣人たちとともにお別れをしてくれた。僕の知っている人で、ダディを大切に思わない者はひとりもいなかった。

ダディを安楽死させることが発表されると、世界中から花や贈り物が届いた。遠くは中国からもお別れのメッセージが舞いこんだ。わが家は花やカード、ぬいぐるみでいっぱいになり、そのまま店が開けそうなほどだった。

ダディが旅だったのは二〇一〇年二月一九日。一六歳だった。その日、わが家はおごそかな静けさに包まれていた。死にゆく者を称えるメキシコの伝統に従ってろうそくをともす。獣医がやってきて、すべての準備が整った。家族みんながお祈りを唱えるなか、獣医がダディに注射を打つ。世界でいちばん偉大な犬が、ゆっくりと最後の眠りに落ちていった。僕はダディを腕に抱いて泣いた。息子たちも、妻も泣いた。

死は僕にとってめずらしいものではなかった。祖父の農場では、自分が世話をしていた動物も含めてたくさんの死を見てきた。死は生活の一部だったのだ。マサトランに移ってからは、子どもながら人間の死を目の当たりにすることが多かった。学校に行く途中、前夜のもめごとで死んだ人が路上に転がっていたりしたのだ。

それでもダディほど身近な存在となると、僕はまるで心の準備ができていなかった。ただそれでも、自分勝手になってはいけないとも思った。ダディの時間はもう尽きてしまったのだ。むだに抗わず、受けいれるしかない。

その夜、僕はダディと歩んできた道を振りかえった——最初のドッグ・サイコロジー・センターで仕事を始めたころは、お金の苦労ばかりだったこと。テレビ番組が始まり、全米で講演をするようになったこと。ガンと闘ったこと。ほかの犬たちのことはもちろん愛しているけれど、ダディに代わる犬なんていない。

人が死ぬと、魂が身体から出ていくというけれど、僕はダディが旅だったとき、自分の一部が抜けたような気がした。

でもダディが残した輝きは少しも色あせなかった。彼が世を去ってからも、ダディへの賛辞や思い出が詰まった品々がたくさん届いていて、自宅の決まった場所に置いてある。それを見守るのが、ロサンゼルス在住の画家ダニエル・マルツマンが描いてくれたダディの大きな絵だ。

アジアをはじめとする国々で、〈ザ・カリスマドッグトレーナー〉を初めて見たというファンと話をすることがある。彼らはダディがもうこの世にいないことを知ると衝撃を受け、会ったこともないのに涙を流すのだ。

僕は人前で話すときは、かならずダディの話題に触れる。そして「みなさんに会わせたかった」と伝える。

トラブルを抱えた犬を、無理なく立ちなおらせる方法を示してくれたダディ。彼がいなかったら、僕のキャリアはこれほど成功しなかっただろう。ダディに無私の愛を教わらなかったら、僕はまともな父親になれなかったはずだ。いまの僕があるのは、ダディが世俗を超越した知恵を僕に与え、つねに穏やかで、自分の直感を信じながら、いまの瞬間を大切に生きるよう導いてくれたからだ。

犬に学ぶレッスン　その6

知恵を耕すためにできること

・マインドフルネスを実践する。瞑想（めいそう）やヨガを活用したり、自然のなかに身を置いたりして、周囲の雑音を消していくことで、精神がクリアになって直感が研ぎすまされる。

・思いやりと共感を豊かにする。強欲と私利が幅をきかせる世の中にあっても、苦しんでいる人の立場を思い、手を差しのべよう。

・いまの瞬間にだけ存在する。自分についてしゃべったり、考えたりするのはいったん休止。じっと動かないまま、周辺で起きていることに目を向け、耳を傾けて、すべてをあるがままに受けとめる。

・人生は死ぬまで卒業しない学校のようなもの。良いことも悪いことも、すべての経験を教訓にしよう。仏教の教えにも、「学ぶ準備ができれば、師はおのずと現われる」とある。身近な人や動物、あるいはできごとが、ずっと探しもとめていた「先生」になって、次の高みへと引きあげてくれるかもしれない。

Lesson 7

立ちなおること

苦しみのどん底では、黙って寄りそう犬だけが与えてくれるものがある。

——ドリス・デイ（歌手・女優）

二〇一〇年夏、僕はサンタクラリタのドッグ・サイコロジー・センターにいた。お伴はパックの犬たちだけだ。なだらかにうねる丘と低木地、高地砂漠の乾燥した気候は、生まれ育ったメキシコにちょっと似ている。僕が乗っているそりは、でこぼこした地面をすべれるよう改良したもの。それをひっぱるのは、ジェイダ・ピンケット＝スミスから預かっている二匹のハスキーだ。ピットブルのジュニアをはじめ、並走する犬たちを引きつれて、そりは小道をのぼっていく。僕は純粋な喜びと、生きている実感を味わっていた。

数カ月前の絶望が、悪夢のように遠ざかっていく。どす黒い感情が僕のなかに渦巻いていたのは、次々と降りかかる災難に打ちのめされ、ストレスが最高潮だったからだ。でも、そのときの僕はまだわかっていなかった。身体と心の自由を取りもどし、前を向いて進むためには、まず内側から自分を癒やさなくてはならないことを。

祈りを唱えて頭をくっきりさせると、人生で果たすべき務めが炎のようにたちのぼってくる。こんな感覚はひさしぶりだ。自分には、この地球上でやるべきことがある――犬たちを助け、人びとに教えることだ。

でもその前に、片づけておかねばならないことがある。何カ月ももがきつづけたあげく、ついに僕は決断した。妻と別れ、仕事がらみのゆがんだ人間関係を整理して、新しい家で安らぎを見つけよう。そう決心すると、人生の新しい方向への期待がどんどんふくらんでくる。癒やしのプロセスが本格的に始動するときが来たのだ。

それにはまずリセットボタンを押して、長年続けてきた仕事から一度離れる必要がある。ほんとうにやるべきことへの情熱を呼びおこすために、テレビ番組やセミナーは休止にして、いちばん大切な犬たちを人生の真ん中に置くことにした。

それから三カ月近く、僕は家族と限られた友人以外にほとんど誰とも会わなかった。ドッグ・サイコロジー・センターを新しくしようと、設計を考え、造成も全部自分でやった。激しい肉体労働をしていると、胸にたまった苦しみや恨みの感情も、汗といっしょに流れていく。それ以外の時間は犬と過ごした――散歩やランニング、ローラーブレードで運動し、いっしょに遊んだ。

犬どうしは何のためらいもなくコミュニケーションをとり、楽しく遊ぶ。僕はその様子を何時間も眺めた。そういえば僕が人生の目標を思いさだめたのも、犬たちのそんな生き生きした姿を見たからだった。人生はシンプルだという事実を、犬はいつだってわかっている。複雑にしているのは、僕たち人間なのだ。

暖かい太陽を背中に浴びて、丘の斜面を大喜びで駆けまわる犬たちを見ているうちに、僕自身にも喜びを味わう力がみなぎってくるのを感じた。

隠遁(いんとん)に近い生活だったあの時期、いまの瞬間を最大限に生きることを少しずつ思いださせてくれたのはパックの犬たちだった。過去の失敗をいつまでも引きずるのではなく、いまここにいることへの感謝の気持ちが湧いてきた。

犬が人間より幸福なのは、ものごとはシンプルなほどすばらしいとわかっているからだ。

――マハマット・ムーラット・イルダーン（トルコの作家）

ディズニーランド

挫折から立ちなおるうえで欠かせないのは、犬たちのように人生を経験することだ。つまり自然のなかに身を置いて、この瞬間だけを生きること。それは過去を忘れろとか、将来の可能性を無視しろということではない。むしろ、人生のこの瞬間をすみずみまで意識できれば、過去も未来も前向きに受けとめることができる。

より良い人生をめざすプログラムで、こんな言葉に出会った。「私たちは過去を後悔しません。でも過去への扉を閉じることもしません」。過去から得た教訓は忘れてはいけないけれど、それに引きずられるのもよくない。いまを生きているときに、昔のことを思いだして前向きになれたり、未来の成長につながるアイディアが浮かんだりすれば、それが正しい生きかたということだ。

砂ぼこりをあげてそりを曳（ひ）く犬たちの姿に、僕の心は感謝であふれそうになる。離婚騒ぎで心に深い痛手を負った僕だが、癒やしと許しに向けて、こうして着実に歩んでいる。息子たちとはまだぎくしゃくしているけれど、こうして犬たちの力強さに支えられていると、いつか和解して、強い絆で結ばれると確信できる。でもいまの僕を支えてくれるのはパックの犬たちであり、両親と弟のエリック、妹のノラとモニカであり、逆風のときもそばにいてくれた友人たちだ。

季節は蒸し暑い真夏なのに、僕はクリスマス映画〈素晴らしき哉、人生！〉の主人公ジョージ・ベイリーのような心境だった。映画の終盤、守護天使クラレンスがジョージにメッセージを残す――友のいる者は敗残者ではない。それはこの映画の主題であり、現実でも胸に刻みつけたい至言だ。犬を飼っていれば、犬という友がいる。

人生への感謝と喜びがよみがえってくると、創造性とやる気まで湧いてきた。無心に遊ぶ犬たちを眺め、彼らが最高に幸福でいられるのはなぜか考える。僕たち人間は犬を愛していると口では言うけれど、犬にやらせていることは、全部自分が幸せになるためだ。そうではなく、犬たち自身が幸せになるための場所はないものか？

そのとき、ひとつの未来像が頭に浮かんだ。ドッグ・サイコロジー・センターを、犬のディズニーランドにしよう。水泳、ハイキング、カーティング（荷車曳き）、穴掘り、アジリティ、ノーズワーク、捜索救助活動などなど、犬が大好きなことを思いきりできるワンダーランドをつくるのだ。動物界における犬の位置を確認できるように、ほかの動物も集めよう。ここでは飼い主向けのセミナーを開いて、愛犬に能力を存分に発揮させて、喜びに満ちた生活を送れるように指導を行なう。そしてウォルト・ディズニーのように、犬との正しい生きかたを世界中に広める活動もしよう。

数カ月後、僕は満を持してロサンゼルスに戻った。誰とも手を組まず、僕ひとりでビジネスを再開するのだ。エリックがバーバンクに見つけてくれたオフィスは、ディズニーのおとぎの城のような建物だった。偶然の一致だけれど、正しい選択だとお墨つきをもらった気分だった。

少数精鋭のスタッフに「犬のディズニーランド」構想を伝えると、全員がすぐに賛成してくれた。こうしてサンタクラリタのドッグ・サイコロジー・センターは、僕が想像したとおりの、いや、それ以上の施設になった。犬はもちろん、馬、ラマ、カメもたくさんいるアミューズメントパークだ。巨大なスイミングプール、アジリティコース、そのほか犬が大喜びで遊べる設備がすべてそろっている。「ザ・ベーシックス」と名づけたセミナーも開催して、犬の欲求を理解し、満たしてやる方法を飼い主に実地で学んでもらう。これだけでは終わらない。ディズニーの例にならって、二〇一四年には二番目のドッグ・サイコロジー・センターをフロリダ州フォート・ローダーデールに開設した。僕たちはこっそり「犬のディズニーランド」と名乗らせてもらっている。

サンタクラリタを見おろすあの丘で、心も身体も、魂まで癒やされた日のことを僕は生涯忘れないだろう。いまでもあのときを思いだすと、喜びがあふれてくる。僕を癒やしてくれたのは薬ではなく、犬たちだった。彼らが僕のなかに眠っていた立ちなおる力を呼びおこし、未来に向けて迷わず前進させてくれた——何の見返りも求めず。尻尾の生えた天使たちに導かれて、僕はどん底で真っ暗だった春をくぐりぬけ、人生でいちばん明るい季節を迎えることができた。

あのとき、僕のパックの中心的存在だった犬がいる。たくましい身体をした三歳のブルーピットだ。その守護天使は**ジュニア**という名前だった。

犬は賢い。傷を負ったら静かな場所にひそんで傷口をなめ、元の自分に戻るまで世界に出てこない。

——アガサ・クリスティ（英国の推理小説作家）

科学の窓から

遺伝子でつながっている？

人間と犬の強い絆は、歴史や進化よりもっと深い遺伝子レベルのものかもしれない。

二〇〇五年一二月、犬のゲノム解析が完了したとする報告が学術誌『ネイチャー』に掲載された[11]。

解析プロジェクトを行なったのは米ハーバード大学のブロード研究所と米マサチューセッツ工科大学で、リーダーを務めたカースティン・リドブラッド＝トーは次のように語る。「ヒトと犬の遺伝子セットは同じです。犬のゲノムのすべての遺伝子はヒトのゲノムと共通で、役割も同じなのです[12]」

ジュニアを育てる

話は二〇〇八年に戻る。僕は容赦ない現実を突きつけられていた。ダディとの日々は永遠ではない。ガンを克服し、不死鳥のごとくよみがえったダディだが、体調は明らかに下り坂だ。ダディの稀有な性質を考えると、まだ元気なうちに知恵を授けられる相手がいたほうがいい。僕はそう考えた。子犬のうちからダディと協力すれば、理想的な後継者が育つにちがいない。

ダディ・ジュニアの候補を選ぶとき、犬種は迷う必要はなかった。ダディは世界一

セレブの顧客ファイル

ジェイダ・ピンケット＝スミス

女優のジェイダは僕の親友のひとりで、つきあいは二〇年以上になる。最初に会ったのは、僕がまだリムジンの洗車係で、副業で犬の訓練をしていたときだった。ジェイダが護衛犬として二匹のロットワイラーの訓練を依頼してきたのだ。それから彼女も僕も山あり谷ありだったけれど、パックの癒やしの力に救われた経験は共通している。

ある日、サンタモニカ山地をパックとともに歩きながらジェイダが言った。「犬たちが私に何をしてくれたかって？　それはね、自分のルーツを思いださせてくれたことよ。私はすさみきった危険な地域で育ったの。父親はおらず、母親は未熟で、私は毎日食い物にされていた。そんな家を出て、ストリートでは本能を研ぎすませて生きのびてきたのよ」

しかしハリウッドで成功すると、その本能が鈍り、傷つくことが多くなった。「見せかけの華やかなバブルのなかで、ぬくぬくと生活するようになった」ところが僕と出会い、パックの扱いを学びはじめると、昔の自分がふたたび目覚めてきたという。「少女時代にボルティモアのストリートでつちかった、生きるための本能がよみがえってきた。それを新しい形で発揮できる場所を、犬たちが用意してくれたの。いまではその感覚をビジネスにも活かして、仕事をする相手を選んだり、人づきあいをどうするか決めているの。犬たちのおかげで、私はほんとうの自分に立ちかえることができた」

愛されるピットブルとして、この犬種の良さを世間に伝え、理解してもらうのに大きな役割を果たした。ダディと僕の二人三脚で続けてきたこの活動を継続させるには、次もピットブルでなくてはならない。

そんなとき、メキシコ時代からの友人が電話をかけてきた。温厚で従順な雌のピットと、やはり穏やかな性格をした純血のショードッグの雄を交配させたら、子犬がたくさん生まれた。どの子も両親ののんびりした気性を受けついでいるようだ。一度見にこないか？「ひょっとすると、ダディの跡継ぎが見つかるかもしれないよ」と友人は言った。

晴れた日、僕はダディをジープの助手席に乗せて、生後六週間の子犬たちに会いにいった。ころころした子犬たちがおぼつかない動きで集まってきて、身をくねらせながら僕たちによじのぼろうとする。僕は子犬どうしのやりとりや、母犬への行動をじっと観察した。どの子がリーダー格で、どの子がパックのしんがりに適しているか、群れの真ん中が心地いいのはどの子か見きわめるためだ。

そのなかで異彩を放っている子犬がいた。青みを帯びた灰色の毛はベルベットのようになめらかで、胸に真っ白な模様がある。何よりパウダーブルーの瞳が魅力的だった。この種のピットブルはブルーピットと呼ばれる（ただし成犬になるころには、青

たくさんの子犬のなかからジュニアを選んだのはダディだ。
ジュニアを受けいれたその日から、ダディはジュニアの教育係になった。

い瞳は緑か茶に変わることが多い)。僕が注目したのは、優れた容姿もさることながら、そのエネルギーだった。その子を抱きあげたとき、僕は思わずぞくっとした。ダディの子どものときと雰囲気がそっくりだったのだ。

とはいえ養育係はダディだから、最終判断は彼にまかせなくてはならない。僕は子犬をそっと抱きあげ、お尻をダディに向けた。ダディはすぐに匂いを嗅ぐ。関心がある証拠だ。子犬を床に置くと、頭を下げた従順の姿勢でよちよちとダディに近づいた。生後たった六週間の子犬が、犬の流儀をきちんとわきまえているのが印象的だ。子犬の評価を終えたダディが歩きだす。すると子犬は顔を上げ、尻尾を振ってあとを追いかけたのだ！　まちがいない。この子が「ダディ・ジュニア」だ。

ジュニアは生後八週間でわが家にやってきたが、最初の夜からダディとは一心同体だった——寝るのも、食事をするのも、遊ぶのもいっしょ。まだまだ元気だけど、身体のあちこちにガタが来ている老犬ダディのあとを、小さなジュニアがよちよちついて歩き、ダディのやることを何でもまねをした。必要なワクチン接種を全部すませてからは、ライブショーのときも、パックみんなで山やビーチに遠出するときも、かならずジュニアを連れていった。パックのほかの犬たちといっしょに、〈ザ・カリスマドッグトレーナー〉にも出演させた。子犬を育てるときは、できるだけ多様な状況を経験させることが重要だ。適応力を伸ばすことで自信がつき、バランスの取れた犬になる。

犬と立ちなおる力

・犬は毎日がまっさらで始まる。昨日の心配事、感情、悩みは翌日には持ちこされな

い。毎日が一から始めるチャンスであり、失敗や不快な感情、恐怖心は長続きしない。

・弱みを見せることは身の危険につながるので、犬は痛みや傷を表に出そうとしない。自制心が強いぶん、立ちなおりも早い。

・犬はパックや身近な人間に影響を受ける。臆病な犬も、周囲が毅然とした力を見せていれば、それにならおうとする。

・犬は好奇心が強いので、新しい冒険に興味をかきたてられる。だから挫折から立ちなおって前進するのもたやすい。

ジュニア、バトンを受けとる

二〇〇九年半ば、身体が弱ったダディはついに〈ザ・カリスマ ドッグトレーナー〉から降板することになった。後継者の役目は自然とジュニアに落ちついた。バランスを失った犬たちを立ちなおらせるとき、僕の右腕を務める役目だ。子犬のころからダディにくっついて、彼のやることを観察してきたジュニアは、自分のやるべきことをすぐに了解した（もちろん、最初のうちはたくさん指示が必要だったが）。そしていま、七歳になったジュニアは筋骨たくましい立派な成犬となり、ダディのときと同じくらい、言葉なしで通じあえるまで成長した。

ジュニアがダディとちがうところはたくさんある。ダディはずんぐりしたがっしり体型だったが、ジュニアは背が高く、筋肉が張りつめている。ダディは温厚で思慮ぶかい哲学の先生、ジュニアは能天気な体育会系といったところだ。敏捷（びんしょう）で身体能力が高く、ボール扱いの名手だ。ボールを持たせれば一日中でも夢中になって遊ぶだろう。水も大好きだ。ピットブルはかならずしも水と相性が良いわけではない。たとえばダディは、いわゆるウォータードッグではなかった。パックを砂浜に連れていき、ボールを海に向かって投げると、みんな大喜びで水しぶきをあげるのに、ダディは砂浜で海を眺めたり、穴を掘ったりするだけだった。でもジュニアは泳ぎがばつぐんにうまい。スキューバダイビングさながらに水中深くもぐり、目を大きく開け、息を止めて沈んだボールを追いかけることもできた。

セレブの顧客ファイル
ジョン・オハーリー

愛犬に醜い離婚劇を見せてしまった人は、僕ひとりではないはず。〈となりのサインフェルド〉のJ・ピーターマン役で人気の俳優ジョン・オハーリーは、二〇一〇年一一月、雑誌『シーザーズ・ウェイ』のインタビューで、マルチーズのスコシに救われた経験を語っている。

「スコシを連れて、ニューヨークからロサンゼルスまで長いドライブをしたんだ。そのあいだに、家族は自分たちだけという状況に慣れていった。犬は辛抱強く、いまの瞬間を生きる。彼らに過去や未来の感覚はない」

笑いあえる仲間

離婚した僕は、前妻と息子たちが住む家を出て、とりあえず単身者用アパートに入ることになった。連れていける犬はジュニアだけ。残りはドッグ・サイコロジー・センターのスタッフに預けた。ひとり者どうしの気楽さで、僕たちはウォーキングも、仕事に行くのも、食事もいっしょ。寝るときもカウチでテレビを見るときもいっしょだった。

どん底だった状態が上向きはじめてからも、悲観的な考えが消えず、孤独や後悔にさいなまれる夜は幾度もやってきた。ジュニアの特筆すべき一面に出会ったのはそんなときだ——彼は生まれつきのエンターテイナーであり、優れた道化師だったのだ。僕が励ましを必要としていることをジュニアは鋭く察知して、かならず笑わせてくれる。たとえば、いまや体重三〇キロの堂々たるピットブルのくせに、毎朝子犬みたいなことをやる。踊るようなしぐさのあと、仰向けに寝そべって僕を見つめ、足をひっぱってお腹をなでてとせがむのだ。

犬どうしのふざけあいとなると、まさにジュニアの独壇場だ。僕のパックのなかでも、ココ、ベンソン、ジオといった小型犬と遊ぶのが好きなジュニアは、たくましい身体なのに彼らの動きをまねたがる。小型犬といっしょに転げまわろうとするが、どうにもぎこちなくて、僕は笑わずにはいられない。だけどジュニアは、自分ではばっちり決まっているつもりなのだ！

人生最悪の時期、お先真っ暗な日々を過ごしていたときに僕を救ってくれたのはジュニアだった。どんなに腹を立てたり、落ちこんだりしていても、ジュニアがいると長続きしないのだ。ダディとはちがった意味で、弱りきっていた僕にはジュニアが必要だった。笑いに癒やしの効果があることは知っていたけれど、ジュニアで初めて実感することができた。

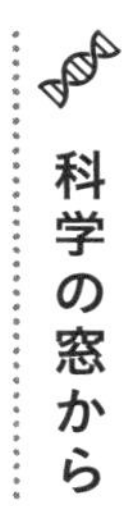

科学の窓から

犬にユーモア感覚はあるか？

一世紀以上におよぶ研究の結果、「犬にユーモア感覚はあるのか」という問いの答えはイエスと出た。

犬にユーモア感覚があると最初に考えたのは、かのチャールズ・ダーウィンだ。一八七二年に出版された『人及び動物の表情について』には、投げられたものを持ってきたと〝見せかけ〟て、飼い主に渡さず、身をひるがえして逃げる犬が紹介されている。その様子は相手をからかういたずらそっくりで、ダーウィンはただの遊びではないと書いている。

オーストリアの動物行動学者で、ノーベル賞を受賞したコンラート・ローレンツはさらに踏みこんで、犬は笑うと考えた。一九四九年の著書『人イヌにあう』にはこう記されている。「この『笑い』は、犬が大好きな主人と遊んでいるときによく見られる。喜びすぎてあえぎはじめるのだ」

ローレンツが「笑い」と判断したこのあえぎ（パンティング）を、米シエラネバダ大学のパトリシア・シモネットが調べた二〇〇一年の研究がある。[13]遊んでいるときに犬がよくするパンティングを録音・分析したところ、そのパターンや頻度は明らかに平常時と異なっていた。さらに録音したパンティングを子犬や若い犬に聞かせたら、明らかに喜びはじめ、おもちゃをくわえたりして遊びの態勢に入ったという。通常のパンティングなど、ほかの声や音では、こうした変化は見られなかった。

二〇〇九年、神経心理学者で、犬の行動を解説した著書がベストセラーになったスタンレー・コレンは、シモネットが発見した「犬の笑い」を完璧に習得して実験を行なった。[14]「〝ハッハッハッ〟というのがいちばん有効のようだ……私がこれをやると、うちの犬たちは起きあがって尻尾を振り、私のほうに近づいてきた」

コレンは不安そうな犬にも試したところ、重度の不安や傷心の犬以外には効果が認められた。「人間の場合とよく似ている。中程度の不安なら、ユーモアが緊張をやわらげる役割を果たす。しかしパニック状態の相手にそれをやると、バカにされたと受けとられてかえって逆効果になる」とコレンは書いている。

あなたは愛犬と笑っていますか？

立ちなおりと癒やし——犬は優れたセラピスト

犬には特別な治癒力がある。科学的にはまだ研究が始まったばかりだが、犬に精神的に癒やされた経験がある人は数えきれないはずだ。僕自身の人生でも、また仕事を通じても、薬や心理療法が効かなかった人を犬が救った例をたくさん見てきた。

なかでも印象的だったのが、〈ザ・カリスマ ドッグトレーナー〉に登場したA・Jだ。彼女は身近な人の死や、いくつもの喪失を経験して、心的外傷後ストレス障害（PTSD）のようなパニック発作を起こしていた。恐怖心が強くて人前に出られず、家に閉じこもったきりの生活だった。ところがスパーキーというテリアのみすぼらしい雑種を施設からもらいうけたら、パニック発作の回数が減り、発作になっても回復が早くなった。

どんな治療も効果はなかったのに、スパーキーはA・Jの不安をやわらげ、ざわつく心を静めたのだ。スパーキーが部屋にいるだけで気持ちが落ちつく。スパーキーを精神支援犬として登録すれば、どこにでも連れていける——A・Jはそう考えた。精神支援犬は介助犬の一種だが、認知されてきたのはここ一〇年のことだ。だが問題があった。A・Jは大きな犬、とくにピットブルを極度に怖がっていて、それを感じとったスパーキーが、ほかの犬に攻撃的になるのだ。攻撃的な態度を見せる犬は介助犬になれない。

Ａ・Ｊはドッグ・サイコロジー・センターで、一〇匹以上のピットブルに会った。人なつこくて、愛情を目いっぱい表現するピットブルに囲まれるうちに、Ａ・Ｊは恐怖心を克服することができた。するとスパーキーの攻撃行動もぴたりと止まったのだ。この経験でＡ・Ｊは大きく変わった。行動が安定し、精神支援犬の認定を受けることができたスパーキーに力を得て、彼女は閉じこもっていた殻を破ることができたのだ。

それから八年後、心身の健康を取りもどしたＡ・Ｊは、ロサンゼルスでも指折りの菜食料理のシェフとして活躍している。自信と活力にみなぎる彼女は、小さなスパーキーの癒やしの力が、新しい人生をくれたと信じている。

精神科の先生たちも、すぐに薬を出すのではなく、「施設から犬を一匹引きとる」という処方を書いてくれたらどんなにいいだろう。僕はひそかにそう願っている。

最近、僕のファンという人からメールをもらった。犬が持つ癒やしと立ちなおりの力を立派に証明する、いわば保護犬のサクセスストーリーだ（プライバシー保護のために名前や詳細は変えてある）。

シーザーへ

私はハイスクールのころから、うつ病との苦しい戦いを続けてきました。薬を飲み、セラピーを受けて、少し良くなったかと思うとまた不安に襲われ、薬が増えるといったぐあいです。良いときと悪いときを繰りかえしながら、もう二〇年近くたちました。誰しもそうですが、私は大きな変化が苦手です。出口の見えないうつ状態の引き金になってしまうからです。

二〇一二年、ハスキーの雑種を引きとりました。元は野良犬で、翌日に殺処分される予定だった犬です。里親の家を訪ねてドアが開き、犬が私のところに駆けよってきた瞬間、人生が変わりました。緑色の瞳は、生きてここにいられる幸せと感謝にあふれ、その顔を見た私は喜びの涙を流しました。その日から、私には朝目覚めてベッドから出る理由ができました。あの子に支えられてうつ病とうまくつきあいながら、ふつうの人なら簡単にできることを、ひとつひとつこなせるようになっていったのです。

ベッドで横になって眠りたいときも、かわいく眉を上げたあの子が「遊ぼうよ」という表情をすると、もう寝ていられません。あの子を力いっぱい抱きしめて、愛してるよ、おまえなしではやっていけないよと言ってきかせます。私の人生は一八〇度転換しました。

あの子が生後わずか三週間で殺されかけていたことを思うと、世界観さえ変わってきます。

自然災害、生後すぐに受けた外傷、器質性脳障害、交配の弊害は別として、犬が精神の健康を損なうのはすべて人間に原因がある。犬の心のバランスを乱し、狂気へと追いやるのは人間なのだ。身近にいる人間が不安定だったり、ストレスだらけの環境で欲求が満たされないと、犬は恐怖症などの問題が出てくる。ただ、原因さえ取りのぞくことができれば、後遺症もなく完全に回復する。「犬はかならずバランスの取れた状態に向かう」と僕が主張するゆえんだ。そしてありがたいことに、犬には私たちのバランスまで取りもどす力があるのだ。

犬が人間の精神を健康にする九つの方法

1 身体に触れて人の気持ちを落ちつかせる。

2 愛情表現を通じて、人の自尊心を高める。

3 寂しさや孤独をやわらげる。

4 生き物を飼う責任感と共感能力をつちかう。

5 新しい人間関係づくりを助ける。

6 否定的な考えや感情から人を引きはなす。

7 運動など健康的な生活習慣を定着させる。

8 幸福ホルモンとも呼ばれるセロトニンの分泌をうながす。

9 笑いを通じて癒やしの効果を発揮する。[15]

科学の窓から

天然の抗うつ薬

『パーソナリティ・社会心理学ジャーナル』に発表された最近の研究で、ペットを飼う人はそうでない人より健康状態が良く、恐怖心や執着の度合いが低いと報告された。[16] 飼い主は気分の落ちこみや孤独感も少なく、ストレスも弱いという。ペットは天然の抗うつ薬であり、人間の自尊心を高め、不安をやわらげる驚異的な力を持っているらしい。

犬が人間の精神を健康にし、立ちなおりの力を伸ばしてくれることを物語る例がある。『シーザーズ・ウェイ』二〇一二年八月号で紹介したオーウェン・ホーキンスだ。オーウェンは、シュワルツ・ヤンペル症候群という筋肉が硬直する遺伝性疾患を持って生まれた。目や頭が極端に小さく、背も伸びない彼は、物心ついたときから奇異の目で見られることに傷ついてきた。そしてA・Jのように自分の殻に閉じこもり、家でひとりで過ごすようになった。

同じころ、アナトリアン・シェパード・ドッグのハッチにも不幸が襲った。生後一〇カ月のとき、何者かによって鉄道の線路に縛りつけられたのだ。走ってきた列車によって片方の後ろ足を切断されたものの、奇跡的に逃げだすことができた。線路ぎわで血を流し、助けを求めて何日も鳴いていたハッチを発見し、家に連れてかえったのが、オーウェンの父親だった。

足を失った犬はこれまでたくさん見てきたが、どの犬も不自由そうな様子はまったくない。朝のひと走りのときも、パックの仲間に少しも遅れずついていく。ほかの犬

オーウェン・ホーキンスと三本足のハッチ。二人はおたがいに自信を高めあい、
外見だけで判断しない生きかたを実践している。

たちも、足や目、尻尾をなくした犬を特別扱いはしない。だからハッチも、オーウェンを見て変わっているとは思わなかった。

ハッチの愛らしい茶色の瞳をのぞきこんだ瞬間、オーウェンの人生は変わった。いまのままの自分をハッチが受けいれたことで、家の外に出てみる勇気が湧いてきたのだ。ハッチの世話を引きうけ、散歩に連れていき、ドッグショーにも出場させていると、生活も張りあいが出て、自信がつく。オーウェンは知らない人が怖くなくなった——ハッチがそばにいると、何かしら話題ができるからだ。

セラピードッグ

病院には、痛み、恐怖、悲しみが渦巻いている。そんな場所にこそ犬が必要だと僕は考える。

人間にとっていちばんストレスが多いところ。それは戦場か病院だろう。病院は、人間の体液や血液、薬品、消毒液、ゴムの匂いが混ざった独特の空気が漂い、何ともいやな気分にさせる。静寂であるべき場所なのに、押しころした声やうめき声、咳（せき）、人工呼吸器やモニターの音、電話の呼出音、スピーカーから流れる事務連絡、エレベーターの音など、たえず何か聞こえてくる。

そんな環境のなかでも、セラピードッグは持ち前のエネルギーと共感力、鋭い五感を発揮して、患者に安らぎを与えている。彼らは病院が出す最高の薬といえるかもしれない。セラピードッグに向いているのは、パックの中央が定位置の楽天的な犬だ。誰に対しても気さくで好奇心が旺盛、前向きなエネルギーを発散させている。病院特有の匂いも、嗅覚の鋭い犬は明確に嗅ぎわけるが、不快感は抱かない。患者に対して罪の意識や憐れみを感じないし、心配もしない。

病気やけがで心身が弱りきっている患者には、希望と喜び、好奇心と楽観主義が必要だ。セラピードッグはそれをもたらしてくれる。優秀なセラピードッグが病室を訪

セレブの顧客ファイル
アンドルー・ワイル

統合医療を推進するワイル博士は、患者に犬を「処方」したことがほんとうにある。二〇一二年、博士は『シーザーズ・ウェイ』誌のインタビューで、「犬を飼うことは、感情面の幸福に大いに役だつ」と語っている。犬の欲求を満たしてやるのは人間の役目だから、人間は「自己中心的な不健全な状態に陥らずにすむ」というのだ。

「幸福は自然に生まれてくるもの。私が飼っている二匹のローデシアン・リッジバックは、それを毎日実践してくれているよ」

れると、いちばん病が重い人、心の支えを最も必要としている人のところにまず向かう。それから部屋をぐるりと回って、患者全員が前向きなエネルギーになるのを手助けするだろう。犬にとって、痛みや病のエネルギーはそのままにしてはいけないもの。良いエネルギーに軌道修正して、バランスを取りもどすことが、犬にはやりがいのある仕事なのだ。

僕はジュニアをセラピードッグとして訓練し、二〇一二年に正式に認定を受けた。テレビシリーズ〈シーザー・ミランの愛犬レスキュー〉でもセラピードッグとして活躍している（ただし相手は人間ではなく犬だが）。ジュニアが得意げに着ているベストは、認定セラピードッグだけが着用を許されるものだ。これがあれば、どんな場所にも連れていくことができる。穏やかで行儀がよく、しつけが行きとどいたジュニアのふるまいに、周囲の人たちも一目置いてくれる。しかもベストを着ていることで仕事中とわかるから、みだりにさわったり、気を引こうとしないのだ。

癒やしのわざは医師ではなく自然が生みだすもの。したがって医師は先入観を取りはらい、自然を出発点としなければならない。

――パラケルスス（スイスの医師・錬金術師）

二一世紀の新しい病院像

『リードをつけた天使――セラピードッグが救う命（*Angel on a Leash: Therapy Dogs and the Lives They Touch*）』を書いたデビッド・フレイは、ウェストミンスター・ケネル・クラブのドッグショーでおなじみの人物。彼の妻シェリリンは、マンハッタンにある病児と家族の滞在施設ロナルド・マクドナルド・ハウスでカトリックの司祭を務めている。二人が力を入れているのは、病院に多くのセラピードッグを導入する活動だ。

「活動を始めたころは、病院に犬を入れることを良く思わない医療関係者がほとんどでした」とデビッドは言う。「セラピードッグの役割は犬の飼い主ならみんな知っていることですが、ここにきてようやく科学が追いついてきました」

デビッドは二匹のブリタニー・スパニエルとともに、小児科病棟を毎週訪れている。「犬が病室を歩くだけで、エネルギーが変わります。それまで話したことがなかった患者どうしがおしゃべりを始めて、無表情だった顔に笑いが浮かぶんです。犬はいまの瞬間を生きていて、その瞬間を患者たちに与えているのです」

犬がガンを嗅ぎつける

この章では、立ちなおりの力についていろんな角度から見てきた。犬がもたらす癒やしの効果もさることながら、もうひとつ忘れてはいけないものがある。それは病気をいち早く感知する能力だ。まずガン探知犬から紹介しよう。

探知犬の任務は、わらの山から一本の針を匂いで見つけだすようなものだ。だが犬の嗅覚は並みはずれて鋭く、人間より嗅覚受容体が一〇万個以上多い。そのためガン細胞やその生成物の特有の匂いを、ときにはガン未満の状態でも嗅ぎつけることができる。ガン細胞だけではない。人間の体内に残る化学物質の痕跡を、一兆分率という低い濃度でも判別できる。[17] また、そこにあってはならない匂いにも気がつくことができる。

ガン探知犬は、通常の検査では見過ごされる段階のガンでも九八パーセントの確率で嗅ぎつけるという。[18] 早期に発見できれば、不治の病も治せる病になるはずだ。考えてみれば、犬たちは何千年も昔から匂いを嗅ぎわけ、人間に伝えようとしてきたにちがいない。彼らの貴重な知識をどう伝えてもらうか。その研究がようやく始まったところだ。

二〇一〇年春、僕は探知犬訓練センターのひとつを訪れることができた。カリフォルニア州サン・アンセルモにあるパイン・ストリート・クリニックだ。訓練士長を務めるカーク・ターナーの説明によると、ガン探知犬の養成期間はわずか二週間とちょっと。ベビーフードやフィルムの容器にガン患者の細胞や尿を入れ、小さな穴の開いた蓋をする。それを健康な人のサンプルが入った容器といっしょに並べて、犬に当てさせるのだ。正解なら犬の個性に応じておやつがもらえたり、ほめてもらえたり、遊び時間が与えられたりする。

クリニックのマイケル・マカロック院長は、一年半ものあいだ見過ごされてきたガンを訓練中の犬が発見した例を教えてくれた。協力者の女性が、健康な比較サンプルとして乳房の細胞を提供していた。そこにガン細胞は含まれていないはずなのに、犬は二五回の試行のうち二四回まで比較サンプルの前に座り、動こうとしなかった。医師が調べたところ、乳ガンが見つかった。しかしほんとうに小さくて、ステージで言うなら〝ゼロ〟段階のものだ。すぐにガンは切除された。

驚くような逸話はまだある。それはドッグショーで起きたできごとだった。犬の美しさや動作を評価するドッグショーに、一匹のシュナウザーが出場した。実はこの犬、シュナウザーとしては初のガン探知犬だった。

審査が始まる。シュナウザーはハンドラーによってリングに連れてこられたが、ひとりの女性審査員の前で座りこんで動かなくなった。むろん規定違反でただちに失格だ。リングから退場するとき、ハンドラーは審査員に検査を受けたほうがいいと耳打ちした。

数日後、審査員から感謝の電話がハンドラーにあった。ステージIIの乳ガンが見つかったというのだ。もしシュナウザーが気づかなかったら、完治に至らなかったかもしれない。

シュナウザーは、ドッグショーで失格になったことなど少しも気にしていなかった。命を救う訓練を受け、その成果を発揮できたからだ。

糖尿病アラート犬

僕が華やかなカクテルパーティーに出席したときのこと。気配を感じて顔を向けると、一匹のゴールデンレトリーバーが会場にいた。ベストを着用し、バックパックを背負った姿はみんなの注目を集めている。連れているのは三〇代の女性だった。

米国障害者法では、補助犬のハンドラーに見知らぬ人間が障害の内容をたずねることは禁止されている（そもそも失礼だ）。しかしその女性は僕が誰だかすぐにわかったようで、1型糖尿病だと明かしてくれた。犬の名前はハーディ。三年前からこうしていっしょに行動しているという。

糖尿病アラート犬は、患者の息の匂いから低血糖状態をいち早く察知する。背負っているバックパックには、インシュリンのほか緊急時に必要なキットも入っている。また患者が意識を失ったり、動けなくなったりしたとき、周囲に助けを求めるよう訓練されている。

「思わぬときに低血糖になることもあるので、ハーディを連れていくのが賢明なんです」彼女はそう話す。ハーディのバックパックには、プラスチック製で折りたためる赤い水飲みボウルがぶらさがっていた。女性はボウルをはずして水を満たし、床に置いた。「ほかにもいいことがあるんですよ。知りあいがひとりもいないイベントでも、この子がいたらみんな話しかけてくれるんです」

科学の窓から

いろんな分野で活躍する補助犬

・糖尿病アラート犬は、I型糖尿病患者の低血糖状態をいち早く察知し、警告する。
・てんかんアラート犬は発作の徴候を察知して、患者が薬を飲んだり、安全な態勢になれるようにする。
・盲導犬、聴導犬、脳障害やパーキンソン病といった慢性疾患の介助犬は、日常的な用事をこなし、屋外ではハンドラーの案内役を務め、ハンドラーや周囲の人に危険な状況を知らせる。

・精神科サービス犬は、精神の健康に問題を持つ人と触れあって気持ちを落ちつかせる。

・セラピー犬は高齢者施設や病院で人を楽しませる。

・アレルギーアラート犬は、食べ物や周囲の環境に存在する危険なアレルゲンを察知する。

ソフィアとモンティ

ソフィア・ラミレスは、ショードッグ用として売られていた毛の長いミニチュア・ダックスフンドを飼いはじめた。名前はモンティ。それからまもなくソフィアは低血糖症と診断されたのだが、彼女の意識が遠のいたり、頭痛がするたびに、モンティがおかしな反応をすることに気づいた。どうやら低血糖症の症状を察知しているらしい。モンティは、補助犬になれる才能の持ち主だったのだ。

本格的な訓練を経て、モンティはソフィアの血糖レベルを監視する役割が与えられた。血糖値が下がってきたら、モンティは前脚でソフィアをつつき、薬を飲むようながす。「モニターを着けているんですが、つい見るのを忘れてしまって。でも犬に注意されたら無視できません。もしモンティがいなかったら、私は生きていなかったかも」とソフィアは語る。

モンティのすごいところは、誰に言われるでもなく特殊な能力を自分から示したことだ。訓練では、ソフィアの血糖値が低下したときの対応を学ぶだけでよかった。犬は生まれながらの能力で、人の健康に役だってくれるのだ。

> 犬のいちばん大切な仕事は、そばにいること。ギリシャ神話のケルベロスのように、犬は孤独という地獄に落ちないよう私たちを守ってくれる。
>
> ――タラ・ダーリン、キャシー・ダーリン『犬を称えよ』

外傷性脳損傷および外傷後ストレス障害患者の補助犬

イラクやアフガニスタンに派遣された兵士のなかには、さまざまな障害や損傷を受けて帰還する者がいる。外傷性脳損傷（ＴＢＩ）は、即席爆発装置の爆風で引きおこされることが多く、外見は無傷なのに前頭葉が損傷してしまい、それまで当たり前だった日常生活に支障が出る。発作や意識喪失が起きたり、性格や気質が変化したり、記憶障害や感情障害が見られることもある。物理的な損傷であるにもかかわらず、傷ついているのは脳なので外からはなかなかわからない。ＴＢＩの影響が顕著に現われるのが帰還兵なのはそのためだ。

戦場におもむいた兵士は、外傷後ストレス障害（ＰＴＳＤ）にかかりやすいことでも知られる。こちらは精神障害なので、やはり外見からはわからないが、記憶のフラッシュバック、悪夢、いやな考えが頭から離れない、極度の恐怖や不安、人間不信、罪の意識、孤独、幸福感の欠如と症状は深刻だ。ＰＴＳＤは性格にも影を落とす。患者は周囲に壁を築き、友人や家族もそんな変化が理解できずに苦しむのだ。隔絶は孤独を招き、孤独は気持ちを沈ませる。テロリストとの戦争が始まってから、米軍と退役軍人省はＰＴＳＤ関連の自殺が増えていると発表している。

そこで最近注目されているのが、ＰＴＳＤやＴＢＩの患者を助けるために訓練された補助犬だ。患者それぞれの状態に合わせて、体調が急変したときに助けを呼ぶ、パニック発作を未然に察知する、薬を運ぶなど、日常生活で求められる仕事を何百種類も覚えている。もちろん触れあいの癒やし効果も発揮できる。さらには感情があふれそうなときに落ちつかせたり、他人が踏みこんでくるのを防いだりして、安心感を高める役割も果たす。

退役軍人省はこれまでも身体障害の元兵士に補助犬を提供してきたが、ＰＴＳＤやＴＢＩに関しては対応が始まったばかりだ。心身に傷を負った元兵士が社会に復帰するうえで、犬ははかりしれない支えになる。補助犬の効果についてはまだ充分なデータは集まっていないが、実際に体験した人びとの証言から、ＰＴＳＤやＴＢＩ向けの補助犬も有効だと判断していいだろう。

苦境から立ちなおるときに、犬が支えてくれた逸話は昔からたくさんあった。いまはそこに科学の裏づけが加わろうとしている。僕自身は、犬こそ世界でいちばんよく効く薬だと信じて疑わない。

立ちなおる力と無条件の愛

僕は人間より犬のほうがよく理解できるし、僕のことをほんとうに理解しているのは犬だけではないかとも思っている。パックの犬たちといっしょにいるときは、穏やかで澄みきった気持ちになれる――ほかではそんなことはない。僕は昔かたぎの男で、名誉や伝統を重んじる。人間社会より、むしろ犬の社会で大切にされる価値観だ。忠誠心を貫き、偽らず、おたがいに支えあうパックの不文律は、現代の文明社会ではなかなか通用しない。

僕とジュニアのつきあいはまだ始まったばかり。ダディと掘りさげてきた深くて親密な関係には、まだまだおよばない。僕は人間社会でも、強い愛情と信頼で結ばれたいと願ってきたが、そんな関係なんてないと思っていた。

ヤイーラと出会うまでは。

離婚に必要なもろもろの書類にすべてサインして、晴れて独身に戻ったのはいいが、僕は自信をすっかりなくし、心の安定を失っていた。仕事のこと、息子たちのことも心配で、自分が拒絶され、愛に値しない人間だと感じていた。そんな日々を送っていた二〇一一年、ロサンゼルスにあるドルチェ&ガッバーナで気晴らしに買い物をしていたら、すばらしい美人が働いていることに気づいた。でも、いくら僕がテレビに出ている人間だといっても、あんな女性がデートしてくれるわけがない。僕はうなだれて彼女の脇を通りすぎ、メンズフロアに行くためにエレベーターに乗った。

ところがドアが閉まる直前、その美人が飛びこんできたのだ！　僕がどぎまぎしていたら、彼女のほうが気さくに話しかけてきた。名前はヤイーラで、職業はスタイリスト。数カ月前にロサンゼルスで働きはじめたばかりだという。僕が自己紹介する

ヤイーラと。こんなに愛しあえる人とめぐりあうなんて想像もしなかった。
彼女は僕の希望の光だ。

と、あなたのテレビ番組は大好きよと言ってくれた。そのときはたわいない会話だけで別れた。でも彼女のことが頭から離れない。ラテン系の若い女性として、有名ブランド店で働けることが誇らしいという話がとくに印象的だった。数週間後、僕はありったけの勇気をかき集めてふたたび店に出かけた——今度は買い物が目的ではない。ヤイーラを食事に誘うためだ。

これがすべての始まりだった。

デートを重ね、二人の距離が近づくにつれて、いっしょに住もうという話になった。同じころ、当時一〇歳だった次男のカルビンが僕といっしょに暮らすと決めた。兄のアンドレはそのまま母親のもとに留まる。〝週末だけのパパ〟でなく、ずっといっしょにいられるのはうれしかったが、そのころのカルビンは手のかかる子だった。両親の離婚で自分の居場所と、自分自身を見失っていたのだ。怒りっぽく、やたらと反抗的で、学校で問題ばかり起こしていた。

僕たちの家に移ってきたヤイーラは、すぐにカルビンの母親代わりになってくれた。彼女の愛にあふれた温かい態度は、カルビンにとってまたとないお手本だった。ヤイーラがどっしり構えて支えてくれたおかげで、カルビンの怒りも解けていった。ヤイーラはまだ若いけれど、年齢以上の分別の持ち主だ。離婚騒ぎで、僕たち父子は心が壊れてしまっていたが、彼女はそれを修復するすべを知っていた。どんな些細なことにも無条件の愛を注ぎ、もっと良い人間になるよう僕たちを励ましてくれた。僕たちならやれると信じて疑わなかったのだ。おかげでカルビンと僕は、難しい局面を乗りきることができた。

人間を信じることを教えてくれたのはヤイーラだ。犬たち、とくにダディと僕の関係は、みじんの偽りもない、深く満たされるものだった。とりつくろったりしなくても、犬たちはありのままの僕を愛し、尊敬し、大切にしてくれる。でも人間が相手だと、これほど心地よい関係にはなれなかった。僕はずっと壁を築いていたのだ。

その壁を壊すようながしたのもヤイーラだ。心から信頼しあえる相手となら、深くて強い絆を結ぶことができると教えてくれた。

ヤイーラとは言葉を超えてつながることができる。そんな経験は、ほかの人とは一度もなかった。どちらかが何か言うと、もういっぽうが「同じこと考えてた」と返すことがすごく多い。僕がやらなくてはいけない用事を思いだした瞬間、ヤイーラに「だいじょうぶよ、もうやっておいたから」と言われたこともある。

ヤイーラほど寛大な心の持ち主はいない。彼女と僕がおたがいに抱く敬意の念は、人生をともに過ごす動物たちに感じてきたものとまったく同じ。誰かをこれほど愛し、信頼できるなんて思ってもいなかったのに、ヤイーラがあっさり現実にしてくれた。

だから僕はヤイーラに結婚を申しこんだ。

僕の傷心を癒やしてくれたのは長い歳月とたくさんの犬たちだった。立ちなおりの力を呼びおこし、心を解きはなって、ひとりの女性と無条件の愛で結びつくにはどうすればいいか。犬たちはそのことを身をもって示してくれた。老いた犬も新しい芸は覚えられる。僕のように少々くたびれた犬でも、いつだって人生は変えることができるのだ。

犬に学ぶレッスン　その7

立ちなおりの力を呼びおこす

・穏やかなエネルギーと接続する。そうすれば心身の病を招くストレスが軽くなり、ストレスホルモンであるコルチゾールの濃度も血圧も低くなる。

・身体を動かして心の傷を治す。ウォーキング、水泳、ジョギングなど、犬がふだんやるような強度の高くない運動を選んで、習慣にする。

・問題に正面から向きあう。見えない振りをしても、癒やしのプロセスが先に延びるだけだ。

・自分や他人の評価に振りまわされず、ありのままの自分を受けいれる。まず自分が受けいれれば、他人はあとからついてくる。

Lesson

8 受けいれること

受容し、そして行動する。いまの瞬間がどんな中身でも、自分が選んだ結果として受けいれる……それで人生全体が劇的に変わる。

――エックハルト・トール（カナダの作家）

〝カリスマ・ドッグトレーナー〟シーザー・ミラン、動物虐待の嫌疑不十分で不起訴に――ロサンゼルス・タイムズ紙を開いたらこんな見出しが飛びこんできた。

ロサンゼルス郡動物保護管理局が、僕のリハビリ手法を数カ月にわたって調査し、最終判断を下したのだ。

犬はいつも人生に役だつ新しい教訓を与えてくれる。動物虐待の疑いをかけられたこの一件では気落ちすることも多かったが、それでも貴重な学びの機会となった。おかげで僕の受容の心は、さらなる高みにのぼることができた。意外な教師役を務めてくれたのは、白黒の小さなフレンチ・ブルドッグ、サイモンだった。

最初から振りかえってみよう。

サイモンとミニブタ

〈シーザー・ミランの愛犬レスキュー〉では、飼い犬をめぐる緊急事態に直面した人から出動要請の電話がかかってくる。このままでは離婚になるとか、家を追いだされるとか、かなり深刻な話だ。今回の**サイモン**も、攻撃的な性格が災いして殺処分されそうになっていた。

このテレビシリーズに登場する犬はみんなそうだが、サイモンも複雑な背景と差しせまった問題を抱えていた。始まりは、ペイ・ピープルという団体の会員、ジョディとスーから連絡があったことだ。ペイ・ピープルは名称のとおり、シャー・ペイを専門とする救済団体だ。殺処分数の多いシェルターに収容されているシャー・ペイを見つけては救いだし、里親に世話をしてもらいながら、終の棲家をあてがっている。放棄、虐待、負傷、病気に苦しんでいる犬も、里親の手厚い世話を受けて健康を取りもどす。

サイモンの飼い主サンディは、ペイ・ピープルでいちばん熱心な里親のひとりだった。重い病気やけがをした犬も積極的に引きうけ、これまで六〇匹以上が無事に健康を取りもどして、新しい家へと旅だっていった。サンディのように、困った犬たちを自宅に迎えてくれる人びとは、人間の姿をした天使ではないかと思う。

問題が出てきたのは、サンディがフレンチ・ブルドッグのサイモンを飼いはじめてからだ。サイモンは一筋縄ではいかない性格の持ち主だった。サンディに対しては愛らしい飼い犬なのだが、里子として預かる犬にはしだいに攻撃性を隠さなくなり、ついには悲惨な事件が起きてしまった。

サンディの家には、以前から二匹のミニブタ、ポットベリー・ピッグがいた。ある日サンディが外出中に、サイモンがピッグに襲いかかった。一匹はその場で息絶え、もう一匹も瀕死だったため、安楽死させるしかなかった。サンディは衝撃を受け、深く傷ついた。

僕に出動要請があったとき、状況はいよいよ切迫していた。これまで手のかかる犬を何匹も引きうけてきたサンディだが、サイモンがいる以上、預けるわけにいかないとペイ・ピープルから難色を示されたのだ。家を失ったシャー・ペイに助けの手を差しのべる活動から完全に手を引くか、サイモンを飼うのをやめるか。攻撃性の強すぎるサイモンをよその家にやるわけにいかないので、そうなったら安楽死させるしかない。サンディにとって難しい〝ソフィーの選択〟だった。

どんな問題行動を起こす犬でも、それを理由に安楽死させるのはまちがっている。もちろん、正しい方法で矯正を試みても、効果のない犬はわずかながら存在する。ただそれでも、犬を死なせていいことにはならない（そもそも問題行動の九九パーセントは人間に原因があるのだ）。

サイモン、新世界の秩序を受けいれる

犬を保護したり、里親として引きうける団体に協力するとき、僕はいつも責任の大きさを痛感する。僕が助けるのは目の前の一匹ではない。背後には、団体がこれから救うたくさんの犬たちが存在しているのだ。僕はサイモンに会いにいった。そのときサンディは、シャー・ペイのサンシャインを預かっていた。サイモンがサンシャインに牙をむく様子を見て、これは「レッドゾーン」だと思った。レッドゾーンとは、そのまま放置していれば行動がどんどん加速（エスカレート）して、きわめて危険にな

放送では伝えられなかったが、サイモンをブタに会わせることで、
他の動物への攻撃性を克服することができた。

るレベルだ。ポットベリー・ピッグの悲劇が繰りかえされてしまうのである。

まず取りくんだのは、預かっている犬への行動を減速（ディ・エスカレート）させる方法をサイモンに教えることだった。かなり手こずることが予想されたが、それが僕の仕事だ。ただサイモンもほかの犬と同様、自分の行動に新しい制限をつけられても、抵抗なく受けいれることがわかった。これまで彼に制限をつける者がいなかっただけなのだ。

僕は丸一日かけて、人間からの新しい働きかけを学ばせ、それに従うようにさせた。だが、リハビリ全体にはかなりの時間を要することが予想される。次の一週間は、ドッグ・サイコロジー・センターに滞在することにした。ただそれでも、サイモンは変わりたいという意思をはっきり示していた。どんな犬もそうなのだが、本能的に衝突より調和を好む。

初日のトレーニングが終わった。夕陽に照らされたポーチで、あれほど怒りっぽかったサイモンが、サンディの足元でサンシャインといっしょにおとなしく座っている。その姿に僕はうれしくなった。

犬が変わるときは、気持ちよく自分を明けわたす。サイモンもわずか一日で、自宅での新しい秩序を受けいれることを決めたようだ。

その後、今度は僕自身が受けいれ、明けわたすことに苦戦するはめになる。でもそのときはまだ想像もしていなかった。

起きたことを受けいれる。それは不運が招いた結果を克服する第一歩だ。

――ウィリアム・ジェームズ（米国の哲学者）

サイモン、悪魔と対決する

犬は人間よりもはるかに変化を受けいれ、それまでとちがうやりかたで世界と関わることができる。それには自分が怖いもの、嫌いなものから逃げないことが重要だ。リスを見ると追いかけてしまう犬を矯正するには、リスがそばにいても狩りのような行動をしないよう訓練しなくてはならない。恐怖や攻撃の対象をあえてそばに置き、明確な境界を示しながら、新しい行動との関連づけを教えこむ。僕はこのやりかたで、何十匹もの犬を救ってきた。

サイモンのトレーニングでも考えかたは同じだ。サイモンが過去にポットベリー・ピッグを襲ったと知った僕は、番組プロデューサーのトッド・ヘンダーソンに、ブタを見つけてきてほしいと頼んだ。メキシコの牧場で育った僕にとって、ブタはとても身近な存在だった。サンタクラリタのドッグ・サイコロジー・センターには、すでにいろんな動物がいた。馬、ヤギ、ラマ、鶏、カメ——みんな平和的に共存している。サイモンの一件がなくても、いずれはブタが加わっていただろう。

サイモンはドッグ・サイコロジー・センターで過ごした二週間のあいだに、攻撃の対象になってもおかしくない動物たちと接した。ヤギ、ブタ、馬、そしてほかの犬たちも。滞在を終えてサンディの家に戻るころには、ブタだけでなくセンターのほかの動物と仲良く食事をして、遊んだり、散歩に出かけたりしていたのだ。

犬と受けいれる力

- 犬が自然界でこれほど繁栄しているのは、環境や状況の変化にうまく対応できる性質を備えているからだ。
- 気候が極端にちがう土地で生活する、人間に新しい「名前」をつけられる、顔ぶれのちがう新しいパックに加わる——私たち人間なら心が萎えてしまいそうな変化も、犬はあっさりと受けいれ、対応する。
- 犬は穏やかで毅然としたエネルギーで示されれば、制限を容易に受けいれることができる。
- 犬は加齢、病気、障害（四肢を失う、視力をなくすなど）を泰然として受けいれ、心の傷も最小限しか残らない。
- 仲間の犬や人間を失ったときには、犬も深い悲しみを覚える。でも彼らはかならず前を向いて歩きだす。
- 集団で生きる犬は、争うくらいなら降参する。それが平穏に暮らすための知恵であ

り、受容の基盤となる。

二〇秒間の映像

サイモンのリハビリはまちがいなく成功した——それがサンディ、ペイ・ピープル、僕とスタッフの一致した意見だった。だからそのあと吹きあれた嵐は、僕を打ちのめした。このときばかりは、逆境に陥ってもへこたれない力がとことん試されだ。

二〇一六年三月、ナショナル ジオグラフィック チャンネルのソーシャルメディアが、近日放送予定のサイモンのエピソードを宣伝するため、二〇秒の短い動画をアップした。前後関係の説明は何もなく、リハビリを始めたばかりのサイモンがブタを襲い、耳に噛みついて流血させる内容だった。

いま思うと、あの動画はサイモンの過去とか、サンディともども立場が悪くなっていた実態をまったく伝えておらず、いたずらに恐怖心をかきたてている。でも実際に本編を見てもらえばわかるが、サイモンがブタに会ったのは厳しいリハビリを経たあとだった。しかもサイモンは最初リードにつないでいた。ブタを見ても攻撃するそぶりを見せず、関心もない様子なのを確かめてから、初めてリードをはずしたのだ。

動画は番組宣伝用に巧みに編集され、あたかも血と暴力の場面が展開したような印象を与える。でも本編では、ブタを診察した獣医が「小さなひっかき傷」しかできていないと断言しているのだ。しかもこの衝突からわずか一五分後には、サイモンとブタが仲良く道を歩くハッピーエンドを迎えていた。

けれどもたった二〇秒の動画では、そんなことはわかるはずがない。アップされてわずか数日後には、僕が犬をけしかけてブタにけがをさせたとして、「動物虐待」を非難するインターネット署名が始まった。なかには、ブタの飼い主が一頭の後ろ足を握って、逃げられないようにしていたと憤慨する人もいた（農場で育った人ならわかるが、駆けだそうとするブタを止めるにはこれがいちばんだ。もしそのまま走らせたら、近くにいたほかの犬たちから一斉攻撃を受けていただろう）。

最初の批判は誤解から生じたのだが、話題に飢え、血の匂いに敏感なメディアはおかまいなしだ。さっそくコメントを求めてきた。

今回の一件は、僕の人生のなかでいちばん難しい〝受容のレッスン〟だった。

人前で仕事をするようになってから、僕はたくさんの友人、ファン、仕事仲間に支えられてきた。彼らは僕が犬に対してやろうとしていること、その背後に純粋な動機があることを理解している。でもそのいっぽうで、一般の人やプロのトレーナーには、僕のリハビリ手法に反対で、批判の声をあげる人たちもいる（彼らは僕の〝テクニック〟を正しく理解していないことが多い）。

もちろん、建設的な形で僕に直接批判を伝えてくれる人もいる。僕が素直に耳を傾けるのでびっくりされるが。最終的には、彼らが納得できないのは手法そのものではなく、「支配」「毅然」といった言葉の選びかただという結論に落ちつく。また彼らは、日常よく見かけるちょっと困った飼い犬の訓練や矯正はやったことがあっても、生命に関わるようなレッドゾーンの犬の長期的なリハビリに取りくんだことはない。

隠しだてはしない。僕がやっていることはすべてビデオで記録されているし、そのまま放送されている。これまでも、言葉や文章で厳しい批判は受けてきた。でも批判する人の大半は、犬やほかの動物たちの健康と幸福を気にかけていて、助けになりたいと思っているのだ――方法が正しいかどうかはともかく。ふだんの仕事ぶりや意見が尊敬できる人から、具体的で前向きな提案があれば、僕は喜んで聞かせてもらう。でも、いきなり否定して騒ぎたてる声は、無視することを僕は学んだ。

不一致を受けいれる。それはすべての人が学ばなくてはいけないことだ。世界中の人に愛され、同意してもらいたいなんて、あまりに非現実的だ。僕が選ぶ方法はひとつだけど、ほかにも同じようにうまくいくやりかたはたくさんある。意見のちがいを認めることは、僕たちの文化の一部としてますます大切になっている。政治家どうし、科学者どうし、医者どうしで意見がぶつかるのは当たり前のこと。絶対的に正しく、全員に支持される立場や意見は存在しないのだ。

僕も周囲の人と意見がぶつかる。息子たちとも、親戚たちとも意見が合わないことがある。メディアとも衝突する。ただ受けいれがたいのは、僕のやっていることを勝手に脚色した人たちの、狭量で悪意に満ちた言葉や行動だ。サイモンとポットベリー・ピッグの場合もそうだ。攻撃したい人たちは、事実なんてろくに知らない。ただ標的にすると決めて、極悪人扱いを開始したのだ。

根拠のない非難ひとつで、二〇年間の努力が水の泡になるところだった。子どもが生まれてからも、犬への正しい理解を広めたいという思いで、家庭を犠牲にしてがんばってきた。いまでもそれが人生の目的であることに変わりはない。でも周囲に信頼されていないと、この仕事を続けることはできない。

信頼、忠誠心、尊敬をかちとるには長い時間がかかる。キャリアを築き、人生の目的を達成するのも長い時間を要する。でも悲しいことに、誤解した人たちが「動物虐待」と騒ぎたてるだけで、あっというまにすべてが台無しになるのだ。

過去の不運は誰しも多少はある。そうではなく、誰しもたくさん持っているいまの幸福に目を向けなさい。

——チャールズ・ディケンズ（一九世紀英国の小説家）

屈服は怒りに勝利する

フレンチ・ブルドッグのサイモンは、間接的にではあるけれど、僕に新たな課題を突きつけた。サイモンは結果に関係なく、いま起きていることを受けいれる。僕にそれができるだろうか？　それとも批判者たちと同じ土俵に立って、怒りと悪意をまきちらすのか？　今回のことは最終的に成功に終わったけれど、屈服と受容、この二つを試される究極の試練だった。

批判の集中砲火を乗りきるときに大切なのは、どんなに激しい敵意が向けられていても、それは個人攻撃ではないということだ。批判する人たちは、僕という人間を知らない。彼らは友人ではないし、僕の心の内側をのぞける立場でもない。僕が動物たちに深い愛をずっと注いできたことも、カメラが回っていないときに犬たちと豊かな交流をしていることも知らないだろう。僕のことを知らない以上、僕の本質を傷つけることはできない。

このことは犬たちに教えてもらった。犬はとっくみあいになったり、激しくいがみあったりするが、対立が終息すればすぐに全員が前を向いて進みはじめる。誰も恨みを引きずらない。そこで僕も犬たちにならい、どんな苦労からも得るものはあるという信念を貫くことにした。

メキシコで生まれ、貧しい家で育った僕は、苦しいときに政府が（ときには両親さえも）助けてくれるなんて期待していない。頼りにするのはもっと大きな存在、つまり神だ。神を信じない人なら、全宇宙でも、空飛ぶスパゲッティ・モンスターみたいなパロディ宗教でもかまわない。受けいれるとは、信仰を持つことだ。それも苦難のなかでも持ちつづけられる、強い信仰だ。憎悪や否定をぶつけられ、一切合切を失ったとしても、信仰があれば乗りこえられる。そしてもっと強く、賢く、善良な人間になることができる。

立ち入り調査が実施されたときも、僕は受けいれ、信じることを貫いた。スタッフも僕も調査に全面的に協力し、判断を仰ぐことにした。捜査官たちは問題のエピソードを何度も見て、二台のカメラで撮影した映像もすべて確認した。撮影前に、犬とブタの両方に充分すぎる配慮がされていることも確認されたし、サイモンに襲われたブタが、直後に庭を楽しく駆けまわっている映像も見てもらった。もちろん耳に傷などなかった。

ドッグ・サイコロジー・センターの施設と、そこで行なわれているトレーニングの内容も検分され、関係者への聞きとりも行なわれた。ブタを診察した獣医の詳細な報告書も提出した。そこには、ブタの安全管理で問題があったとすれば、当日は日差しが強烈だったので、もっと強い日焼けどめを使うべきだったと書かれていた。

不起訴決定を伝える新聞記事には、郡の動物保護管理局の副局長、アーロン・レイエスの声明も掲載されていた。「われわれは徹底的な調査を行ない、地方検事局に報告書を提出した。検事局は、ミラン氏を起訴すべき理由はどこにも見当たらないと判断した。公正な決定だと思う[19]」

もちろん僕は、ドッグ・サイコロジー・センターも、〈シーザー・ミランの愛犬レスキュー〉の制作チームも罪に問われることはないと確信していた。悪いことは何もしていないし、隠していることは何もないのだから。生命の危機にあった犬をリハビリして、救うことに全力を尽くしていただけだ。当局側はその後、今回のことは貴重な時間と市の資源、人材の浪費であり、遺憾に思うと伝えてきた。

動物虐待の疑いを不当にかけられたことは、僕にとって悪夢のような経験だった。

考えてみてほしい。動物を救うことに人生のすべてを捧げてきた人間の身辺で、「虐待」という言葉がささやかれるのだ。言葉が持つイメージ——憎しみ、暴力、否定——は、僕が犬たちにやってきたこととと正反対ではないか。

人生で起きることはすべて教訓。僕はそう考えるようにしているけれど、ときに学ぶのが苦しい教訓もある。〝受けいれること〟がそれだった。

科学の窓から

自己受容が幸福を呼ぶ？

英国ハートフォードシャー大学が慈善団体と協力して、五〇〇〇人を対象に質問に答えてもらい、幸福度を一〇段階で示す調査を行なった。[20] 質問は最新の研究結果にもとづいて、幸福な人とそうでない人のちがいを浮かびあがらせる内容になっている。この調査では、自己受容が幸福と最も強い相関関係にありながら、最も実践されていないことがわかった。回答者のおよそ半数（四六パーセント）が、自己受容のレベルを一〇段階で五と評価していたのだ。

研究では、自己評価と自己受容を高めるための習慣も提唱している。

・他者に対するのと同じくらい自分にも親切にする。失敗は学びの機会ととらえ、どんなに小さくても、うまくやれたことに注目する。

・信頼できる友人や同僚に、自分の強みは何か、自分のどんなところを評価しているか話してもらう。

・ひとりきりで静かに過ごす時間を持つ。自分の感情にチューニングを合わせ、本来の自分と仲良く手を組めるよう努力する。

自我のリハビリ

僕だけではない。受けいれることは、誰もが学ぶのに苦労する教訓だ。ほかの動物とちがって、人間は自尊心という重荷を背負っている。自尊心とはすなわち自我のこと。自我は創造性の源になり、想像力を発揮する支えになる。不可能に思える目標に到達できるのも自我のおかげだ。そのいっぽうで、自分が宇宙の中心だ、自分は頂点に立つ価値があり、つねに一〇〇パーセント満たされ、幸福でなければならないという自我の声が、知性や本能を圧倒することがある。自我がさらに肥大すると、自分は人生と世界のすべてをコントロールできると思いこむようになる。

そんなやかましい自我を黙らせ、人生にはコントロールできないことがあると認識する——それが受けいれることだ。死は自分でコントロールできない。自然の力もそうだ。他人の思考や考えや行動もだめだろう。受けいれるとは、じたばたしないで腰をおろし、深呼吸して、事態が流れていくにまかせること。犬のリハビリ同様、自我もリハビリをすれば、心の平和を見つけることができる。

魂を成長させ、より良い人間になりたいと願う僕は、受けいれることを極めようとがんばってきた。犬たちの相手をするときは、彼らをそのまま受けいれ、過去や現在の行動で評価を下したりしない。僕を攻撃してきても怒らないし、自然の摂理に反することはしない。僕の仕事は、犬たちが本来の姿に戻れるようにすること。彼らは何よりもまず動物だ。犬種とか、人間が与えた名前とかはそのあとに来る。

だが問題のある犬の飼い主は、そこの順番をはきちがえていることが多い。愛犬は名前が最初にあり、次に犬種だと思っている。しかも、犬を人間だと思っている人があまりに多い！　たしかに愛犬は家族の一員として大切な存在だけど、人間とは一線を画した別の種の生き物なのだ。だから生きるために必要なこと、求めることは人間と同じではない。それを学ばないと、犬たちはバランスの取れた幸福な状態にはなれない。

僕はそのことをねばり強く飼い主に説いてきた。つまり〝受けいれること〟を教えてきた立場だ。だったらそれを自分のことにも応用すればいい？

残念ながら、それは無理な話だ。人間は犬よりはるかに複雑で、謎に満ちている。犬が犬らしくいられるようにすることは簡単でも、人間は考えや行動が矛盾だらけで、なかなか受けいれることができない。ただひとつ言えるのは、そんな不満を抱えているのが僕ひとりではないこと。

だからこそ、犬たちが教えてくれる受容のレッスンは重要になってくる。

犬には人間のような自我はない。それゆえ過去をくわしく記憶できないし、ときに都合よく記憶をねじ曲げたりもしない。直視したくない過去を隠すために、話をでっちあげることもなければ、恨みをいつまでもくすぶらせたりもしない。犬は過去の残滓をあっというまに押しやって、新しい連想を簡単に形成できる。サイモンがそのいい例だ。

セレブの顧客ファイル

キャシー・グリフィン

女優でスタンダップ・コメディアンでもあるキャシー・グリフィンは、並みいるライバルたちとしのぎを削り、がらがらの店で酔客のヤジにも負けず、話術に磨きをかけてきた。一瞬たりとも気を抜けないショービジネスの仕事を終え、自宅に戻れば、自分のことを最優先したい。

それを支えてくれる家族が、保護犬だったチャンス、キャプテン、ラリー、ポンポンの面々だ。

「あの子たちは私に審判を下したりしない」とキャシーは言う。「正直にぶつかりあう彼らを眺めていると、思わず笑ってしまうの。自分の芸にもそれを取りいれたいと思うわ。とりつくろわない態度は、お客さんの反応もいいし。犬は、私がジョークにする有名人たちと正反対ね。犬は誰かになろうとしないし、ありのままの飼い主を無条件で愛してくれる」

そしてハッピーエンド

フレンチ・ブルドッグのサイモンは、とても難しい教訓を僕に学ばせてくれた。人は自分が怖いもの、理解できないものを傷つけ、破壊しようとする。このことを事実として受けとめなくてはならない。人間には、そんな暗黒の一面もあるのだ。それを受けいれないことには、困難を乗りこえて進むことはできない。これは息子たちにもぜひ伝えたい教えだ。

今回の騒ぎの中心にいたのは僕とサイモンだが、万が一のとき失うものはサイモンのほうがはるかに大きかった。リハビリが失敗すれば、安楽死させられる運命にあったからだ。

あれからずいぶん時間がたったが、劇的に変わったサイモンはますます性格が安定してきた。攻撃性は影をひそめ、ほかの犬はもちろん、ブタなどの動物とも問題なく共存している。サンディはシャー・ペイの里親を続けている。あのとき預かっていたサンシャインは、サンディのもとで飼われることになった。サイモンと強い絆で結ばれて、離れがたくなったのだ！

僕が望んだとおりの、すばらしい結末を迎えることができた。受けいれることで、バランスの取れた平和な生活が実現する。一匹のフレンチ・ブルドッグが、そのことを僕たちに教えてくれた。

犬に学ぶレッスン　その8
受けいれる力を身につけよう

・いまの状況と、そうなるに至ったできごとや行動を、先入観抜きで冷静に観察する。
・悪い結果ばかり連続しているのなら、同じ行動を繰りかえさない。
・新しくて良い方法を提示されたら、反論せず、心を開いて受けいれる。
・対立ではなく、バランスを目標につねに行動する。
・自分より大きな存在――パック・リーダー、家族、人生の理想、自然、神――を信じる心を持つ。

おわりに

犬の教え

犬は忠誠心に篤く、恐れを知らず、許す心を持ち、汚れのない愛を捧げてくれる。人が生きるうえで、ぜったいに捨ててはいけない美徳ばかりだ。

——M・K・クリントン『ザ・リターンズ』

この本を書きおえる直前、僕は二回目のアジア・ツアーから戻ってきた。最初は二〇一四年で、各地でセミナーを開いただけだった。でも今回は香港、中国本土、タイ、シンガポールをめぐり、セミナーの回数も増えた。さらにテレビの新シリーズ〈目指せ!ザ・カリスマ・ドッグトレーナー:アジア編〉の撮影も行なわれた。これはドッグトレーナー志望者を一般から募り、コンテスト形式で僕の弟子を決めるというもの。アジアから新しい「ドッグ・ウィスパラー」が誕生するかもしれない。

第三世界の国に生まれ育った僕の目には、東洋と西洋の文化のちがいがとても興味ぶかい。アジアの聴衆は、欧米とくらべて穏やかで毅然としたリーダーシップをすんなり受けいれる。それはアジアの文化に、自制、克己、忠誠、冷静、敬意といった価値観がしっかり根づいているからだろう。セミナーの参加者の多くは、愛犬の世話や、交流の方法を学ぶ機会がなかったにもかかわらず、僕の話をすぐにのみこみ、納得してくれた。

アジアでの反響は驚くべきものだった。セミナーのあと、飼い主たちは口々に成果を報告してくれる。でもそれは、長く受けつがれてきた古き良き価値観を愛犬との関係に応用しただけなのだ。

アジアの犬たちには、明るい未来が待っている――僕はそう確信して米国への帰途についた。アジアの一部の国では、中流階級が犬を飼うことが新しい現象になりつつある。飼い主たちは経験が浅いだけに、愛犬をどうすれば幸せにできるのか、役に立つ情報を積極的に吸収する。

犬を食べる地域もまだ存在するとはいえ、犬を友人、協力者、仲間として位置づけ、愛情を注ぎたい人びとにとって、アジアの文化的背景は申し分ないと僕は思う。犬は神からの使いであり、人間を導くためにつかわしたと説く宗教もあるほどだ。世のために尽くした賢人が死ぬと、その魂は犬に生まれかわると信じる人たちもいる。犬は地上で最も賢く、悟った存在とされているのだ。僕自身が犬から多くのことを学んできたから、こうした言い伝えもあながち荒唐無稽(こうとうむけい)とは思えない。西洋社会は犬を大切にすると言われているけれど、そんな西洋人がようやく理解しはじめたばかりの真理を、アジアの人びとは古代から直観していたのだろうか。

迷い犬が家までついてきたら、それは富がやってくるしるし。
——中国のことわざ

僕の人生には特別に大切な人たちがいて、彼らから多くのことを学んだ。祖父は敬意を、母は無償の愛を、息子たちは忍耐と自制を、婚約者のヤイーラは信頼をそれぞれ教えてくれた。でもこれだけは声を大にして言える。そうした教えが僕のなかで根を張り、花を咲かせたのは、犬たちとの交流があればこそだ。人生で出会った多くの犬たちは、人間からは決して得られなかった知恵を与えてくれた。ベビー・ガールという名前の繊細なドーベルマン・ピンシャーは恐怖心のかたまりで、対応にはほとほと手を焼いたが、おかげで忍耐とは何かを学ばせてもらった。ＰＴＳＤになってアフ

ジュニアのような犬とめぐりあえたのは幸運だ。
犬たちと過ごすことは、毎日新しいレッスンを学ぶようなものだ。

ガニスタンから帰還した爆弾探知犬ギャビンは、私欲のない真の英雄のありかたを見せてくれた。息子アンドレの愛犬であるロットワイラーのアポロは、穏やかなエネルギーの持ち主で、遊びが持つ癒やしの力を再確認できた。そしてダディとジュニア。彼らがいなかったら、僕はどっしり構えた父親になれず、新しいパートナーとロマンチックな関係も築けなかっただろう。自分の夢をどうやって追いかけるか。恋に落ちる方法と、恋を終わらせる方法。失望の受けとめかた。つらい喪失の切りぬけかた。手ばなしで笑うこと。

許して前に進むこと――すべて犬たちが教えてくれたのだ。

祖父の農場でパロマと過ごした子ども時代から、犬は僕にとって豊かな霊感の泉だった。人生でやるべきことに目覚め、大切なメッセージを世界中に伝える自信と勇気を与えてくれたのだ。毎日犬たちと仕事ができることは、このうえない幸福だし、これまで学んだ教訓が実践できている手ごたえがある。

僕には学ぶことがまだたくさんある。人間の脳は犬よりはるかに複雑だし、人間には自我がある。自我を克服することは、神が僕たちに与えた最大の試練ではないだろうか。人間はみんなそうだけれど、僕もまだ道なかばだ。

犬から多くを学んだ僕だが、完璧な人間にはほど遠い。恋愛も含めて、人間関係で痛い目にあったことがあるかと問われれば、もちろん答えはイエスだ。完璧な父親として、息子たちを非の打ちどころなく育てたかというと、答えはノーだろう。でも犬に関しては別だ。僕はパーフェクトな犬をこれまで何匹も育ててあげてきた。でもそれは、もともと犬たちが完全にシンプルな状態で生まれているから。安全で秩序が整った場所さえ用意してやれば、本来の性質が余すところなく発揮される。その犬自身の性格が勝手にやってくれるようなものだ。

僕たち人間は、犬のような無邪気で無垢な心をあいにく持ちあわせていない。いまの瞬間だけを純粋に生きることは、よほど魂が高みに到達した人でなければ経験できないだろう。でも、たとえ犬とそっくり同じようにはできなくても、彼らの崇高で混じりっけのない精神を取りいれることはできるはず。犬たちと正しくつながることで得られる、幸福で自由で明快な境地こそが、人生でいちばん貴重な贈り物なのだ。

大切なことを本気で受けとめたとき、人は犬のようになる。
——アシュリー・ロレンザナ（米国の作家）

では最後に、もう一度目を閉じてみよう。あなたの一日はこんな風に終わる。

今日の仕事をやり終えた充実感で、足どりも軽く帰宅する。玄関に入れば、愛する家族が顔を出すだろう。まるで何年も会っていなかったみたいに、みんなで抱きあい、踊り、歌い、祝福する。おたがいに注ぐ無限の愛を、何度も確かめあうのだ。戸外で思いきり身体を動かして汗を流し、ぺこぺこになったお腹をおいしい食事で満たしたら、芝生に寝転がる。夜の匂いを吸いこみ、コオロギの鳴き声に耳をすませ、きらめく星空を眺めよう。誰も言葉を発しないのに、心はしっかりと通いあっている。話す必要がないだけだ。

夜もふけてきた。心地よい疲れと、豊かで満たされた人生を送れることへの感謝の気持ちに満たされて、おたがいの腕のなかで眠りにおちる。明日もまた、今日のように喜びあふれる一日になるはずだ。


犬が教えてくれるのは、シンプルだけど奥が深い真実だ。それを無視して生きることはできない。

僕たちは、犬の行動や態度にもっと注意を向けたほうがいい。

あなたの愛犬は、あなたのことをどんな人間だと思っているだろう？　その期待を裏切らない生きかたを、今日から始めよう！

注

1 Marc Bekoff and Jessica Pierce, “The Ethical Dog,” *Scientific American*, March 1, 2010, www.scientificamerican.com/article/the-ethical-dog.

2 Allen R. McConnell et al., “Friends With Benefits: On the Positive Consequences of Pet Ownership,” *Journal of Personality and Social Psychology* 101, no. 6 (December 2011): 1239-52.

3 Sophie Susannah Hall, Nancy R. Gee, and Daniel Simon Mills, “Children Reading to Dogs: A Systematic Review of Literature,” *PLoS One*, February 22, 2016.

4 Leanne ten Brinke, Dayna Stimson, and Dana R. Carney, “Some Evidence for Unconscious Lie Detection,” *Psychological Science* 25, no. 5 (May 1, 2014): 1098-1105.

5 Jeffrey T. Hancock et al., “On Lying and Being Lied To: A Linguistic Analysis of Deception in Computer-Mediated Communication,” *Discourse Processes* 45, no. 1 (2007): 1-23, DOI: 10.1080/01638530701739181.

6 Akiko Takaoka, et al., “Do Dogs Follow Behavioral Cues From an Unreliable Human?” *Animal Cognition* 18, no. 2 (March 2015): 475-83.

7 K. A. Lawler, et al., “The Unique Effects of Forgiveness on Health: An Exploration of Pathways,” *Journal of Behavioral Medicine* 28, no. 2 (April 2005), 157-67.

8 Karine Silve and Liliana de Sousa, "'*Canis Empathicus*'? A Proposal on Dogs' Capacity to Empathize With Humans," *Biology Letters* 7, no. 4 (2011): 489-92, DOI: 10.1098/rsbl.2011.0083.

9 Nathan Rabin, "Redman," *A.V. Club*, April 10, 2007.

10 Miho Nagasawa, et al., "Oxytocin-Gaze Positive Loop and the Coevolution of Human-Dog Bonds," *Science* 358, no. 6232 (April 17, 2015): 333-36.

11 Kerstin Lindblad-Toh et al., "Genome Sequence, Comparative Analysis and Haplotype Structure of the Domestic Dog," *Nature* 438, no. 7069 (December 8, 2005): 803-819.

12 Quoted in Scott P. Edwards, "Man's Best Friend: Genes Connect Dogs and Humans," *BrainWork* (blog), DANA Foundation, March 2006, www.dana.org/Publications/Brainwork/Details.aspx?id=43592.

13 P. Simonet, M. Murphy, and A. Lance, "Laughing Dog: Vocalizations of Domestic Dogs During Play Encounters," *Animal Behavior Society Conference*, July 14-18, Corvallis, Oregon.

14 Stanley Coren, "Do Dogs Laugh?" *Psychology Today*, November 22, 2009.

15 The health benefits in this list are described in more detail in Michele L. Morrison, "Health Benefits of Animal-Assisted Interventions," *Complementary Health Practice Review* 12, no. 1 (January 2007): 51-62.

16 J. M. Siegel, "Stressful Life Events and Use of Physician Services Among the Elderly: The Moderating Role of Pet Ownership," *Journal of Personality and Social Psychology* 58, no. 6 (1990): 1081-86.

17 Tamanna Khare, "Can Dogs Sniff Out Cancer?" *Dogs Naturally Magazine*, www.dogsnaturallymagazine.com/can-dogs-sniff-out-cancer.

18 G. Taverna, et al., "Prostate Cancer Urine Detection Through Highly-Trained Dogs' Olfactory System: A Real Clinical Opportunity," *Journal of Urology* 191, no. 4 (2014): e546.

19 Sarah Parvini, "No Charges for 'Dog Whisperer' Cesar Millan After Animal Cruelty Investigation," *Los Angeles Times*, April 11, 2016.

20 University of Hertfordshire, "Self-Acceptance Could Be the Key to a Happier Life, Yet It's the Happy Habit Many People Practice Least," *Science Daily*, March 7 2014, www.sciencedaily.com/releases/2014/03/140307111016.htm.

より知りたい人のための参考図書

『あなたの犬は「天才」だ』
ブライアン・ヘア、ヴァネッサ・ウッズ、古草秀子訳、早川書房、二〇一三年
『犬から見た世界　その目で耳で鼻で感じていること』
アレクサンドラ・ホロウィッツ、竹内和世訳、白揚社、二〇一二年
『犬語の話し方』
スタンレー・コレン、木村博江訳、文春文庫、二〇〇二年
『犬の気持ちを科学する』
グレゴリー・バーンズ、浅井みどり訳、シンコーミュージック、二〇一五年
『ゾウがすすり泣くとき　動物たちの豊かな感情世界』
ジェフリー・M・マッソン、S・マッカーシー、小梨直訳、河出文庫、二〇一〇年

『動物が幸せを感じるとき　新しい動物行動学でわかるアニマル・マインド』
テンプル・グランディン、キャサリン・ジョンソン、中尾ゆかり訳、ＮＨＫ出版、二〇一一年
『動物たちの心の科学　仲間に尽くすイヌ、喪に服すゾウ、フェアプレイ精神を貫くコヨーテ』
マーク・ベコフ、高橋洋訳、青土社、二〇一四年

Are We Smart Enough to Know How Smart Animals Are?
By Frans de Waal, W.W. Norton and Company, 2016

Beyond Words: What Animals Think and Feel
By Carl Safina, Henry Holt and Company, 2015

Rewilding Our Hearts: Building Pathways of Compassion and Coexistence
By Marc Bekoff, New World Library, 2014

Wild Justice: The Moral Lives of Animals
By Marc Bekoff and Jessica Pierce, University of Chicago Press, 2009

参考ウェブサイト

Cesar's Way
www.cesarsway.com
シーザー・ミランのホームページ。活動予定、犬の飼い方などの情報が集約されている。英語。

Cesar Millan PACK Project: People in Action for Canines and Kindness
www.millanpackproject.org
犬の生活環境向上を目的とした非営利団体。安楽死、多頭飼育、苦痛を減らせるよう、また尊重しあう健全な関係を築けるよう人間の教育にも努めている。英語。
（二〇一七年六月現在リニューアル中）

Dognition: Discovering the Genius in Your Dog
www.dognition.com
米国デューク大学のブライアン・ヘア博士ら科学者による、民間の科学調査プロジェクト。遊びや訓練を通じて、犬の考え方、感情、問題解決などを解明しようとしている。英語。

謝辞

僕の心をひとりじめして、僕のすべてを支えてくれるヤイーラ・ダールに深い愛と感謝を捧げたい。この本の執筆を軌道に乗せてくれたボブ・アニエロは、仕事でも私生活でも賢明な助言をいつも与えてくれる。メリッサ・ジョー・ペルティエは、その才能でふたたび僕たちのチームに貢献してくれた。そして息子のアンドレとカルビンは、僕が良い父親になれる方法を日々教えてくれる。きみたちのおかげで僕は鼻が高い。友人のジェイダ・ピンケット＝スミスは、どんなときでも僕の味方でいてくれた。そして最後に、僕の守護天使であるダディに感謝する。彼のたぐいまれな魂と生きかたに励まされて、僕はあふれんばかりの思い出と感情と考えを言葉にすることができた。

シーザー・ミラン

この本のために徹底的に地ならしをしてくれたプライマル・インテリジェンスのボブ・アニエロとジョン・バスティアンに感謝したい。ナショナル ジオグラフィックブックスのヒラリー・ブラックは、献身と忍耐を惜しまず、完璧主義を貫いた。法務チームのシャリズ・シャディグ、ドメニク・ロマノ、マイルズ・カールセン、そして鋭い批評眼で編集作業をしてくれた友人のキャロリン・ドイル・ウィンターにも声を大にして感謝を伝える。ケイとマリーのサムナー夫妻は、執筆中に温かい友情で私を包んでくれた。そしてもちろん、シーザー・ミランにも。ひさしぶりにいっしょに仕事ができてとても楽しかった。いつも私を支えてくれる夫のジョン・グレイには、永遠の感謝と愛を捧げたい。執筆の霊感を与えてくれた大切な〝パートナー〟のフラニーは、ハドソン川河畔でリードをはずして思いきり遊ばせてあげる。

メリッサ・ジョー・ペルティエ

図版クレジット

下記以外の写真は Cesar's Way, Inc. に所属します。

P8. Allen Birnbach

P19. Jason Elias/Cesar's Way, Inc.

P39. Jason Elias/Cesar's Way, Inc.

P86.Christopher Ameruoso

P94. Everett Collection/Shutterstock.com

P129. Alo Ceballos/Getty Images

P141. Michael Kovac/Getty Images

P169. Mark Thiessen/NG Staff

P171. George Gomez/Cesar's Way, Inc.

P175. Neilson Barnard/Getty Images

P187. FOX/Getty Images

P213. NBC/Getty Images

P223. Anthony Devlin/PA Wire URN:15865695
(Press Association via AP Images)

P225. Image courtesy of DrWeil.com, all rights reserved

P237. Caleigh White Garcia/Cesar's Way, Inc.

P260. John Raphael Oliviera

P266. Jason Elias/Cesar's Way, Inc.

著者紹介

シーザー・ミラン

ナショジオ ワイルドの人気テレビシリーズ〈ザ・カリスマ ドッグトレーナー～犬の気持ち、わかります～〉〈シーザー・ミランの愛犬レスキュー〉〈シーザー・ミラン横断記:犬との絆〉でもおなじみの世界的なドッグトレーナー。『ザ・カリスマ ドッグトレーナー シーザー・ミランの犬と幸せに暮らす方法55』（日経ナショナル ジオグラフィック社）のほか、『あなたの犬は幸せですか』（講談社）"Be the Pack Leader" "A Member of the Family" "How to Raise the Perfect Dog" など著書も多数。米国カリフォルニア州サンタクラリタでドッグ・サイコロジー・センターを創設・運営している。各種セミナーや犬と飼い主の指導のほか、公式サイト「Cesar's Way」を運営している。また非営利組織シーザー・ミラン PACK プロジェクトでは、動物の救済やリハビリ、里親探しを行っている。現在は6匹の犬たちのパックを率いて、婚約者のヤイーラとサンタクラリタに暮らす。

メリッサ・ジョー・ペルティエ

エミー賞にノミネートされたナショジオ ワイルドの人気テレビシリーズ〈ザ・カリスマ ドッグトレーナー～犬の気持ち、わかります～〉で共同エグゼクティブプロデューサーを務めたほか、ニューヨークタイムズ紙のベストセラーリストに入った5冊の著作や、3冊のノンフィクションで共著者になっている。テレビ・映画の脚本、監督、プロデューサーとして、これまでエミー賞を筆頭に50を超える国内外の受賞歴がある。エンタテインメント業界の内幕を描いた初の小説 "Reality Boulevard" は、書評誌カーカスレビューズで「2013年度ベスト・インディーズ」に選ばれた。夫とピットブルのミックス犬、フラニーとともに米国ニューヨークに暮らす。

ナショナル ジオグラフィック協会は、米国ワシントン D.C. に本部を置く、世界有数の非営利の科学・教育団体です。

1888年に「地理知識の普及と振興」をめざして設立されて以来、1万件以上の研究調査・探検プロジェクトを支援し、「地球」の姿を世界の人々に紹介しています。

ナショナル ジオグラフィック協会は、これまでに世界41のローカル版が発行されてきた月刊誌「ナショナル ジオグラフィック」のほか、雑誌や書籍、テレビ番組、インターネット、地図、さらにさまざまな教育・研究調査・探検プロジェクトを通じて、世界の人々の相互理解や地球環境の保全に取り組んでいます。日本では、日経ナショナル ジオグラフィック社を設立し、1995年4月に創刊した「ナショナル ジオグラフィック日本版」をはじめ、DVD、書籍などを発行しています。

ナショナル ジオグラフィック日本版のホームページ
nationalgeographic.jp

ナショナル ジオグラフィック日本版のホームページでは、音声、画像、映像など多彩な
コンテンツによって、「地球の今」を皆様にお届けしています。

ザ・カリスマ ドッグトレーナー
シーザー・ミランの 犬が教えてくれる大切なこと

2017年9月4日　第1版1刷

著者　シーザー・ミラン
　　　メリッサ・ジョー・ペルティエ
訳者　藤井留美
編集　尾崎憲和　葛西陽子
カバー基本デザイン　漆原悠一（tento）
制作　朝日メディアインターナショナル
発行者　中村尚哉
発行　日経ナショナル ジオグラフィック社
　　　〒105-8308　東京都港区虎ノ門4-3-12
発売　日経BPマーケティング
印刷・製本　シナノパブリッシングプレス

ISBN978-4-86313-384-6
Printed in Japan